阅

阅读成就思想……

Read to Achieve

治愈性心理学系列

Why is it Always About You?

THE SEVEN DEADLY SINS OF NARCISSISM

自恋的基因

如何识别和应对自恋型人格

[美] 桑迪 · 霍奇基斯 (Sandy Hotchkiss) 著

李淑玲 译

中国人民大学出版社

· 北京 ·

图书在版编目（CIP）数据

自恋的基因 ：如何识别和应对自恋型人格 / (美)桑迪·霍奇基斯 (Sandy Hotchkiss) 著 ; 李淑玲译. -- 北京 ：中国人民大学出版社，2020.8

书名原文：Why is it Always About You?：The Seven Deadly Sins of Narcissism

ISBN 978-7-300-27016-6

Ⅰ. ①自… Ⅱ. ①桑… ②李… Ⅲ. ①人格心理学－研究 Ⅳ. ①B848

中国版本图书馆CIP数据核字(2020)第131360号

自恋的基因：如何识别和应对自恋型人格

［美］桑迪·霍奇基斯（Sandy Hotchkiss） 著

李淑玲 译

Zilian de Jiyin : Ruhe Shibie he Yingdui Zilianxing Renge

出版发行	中国人民大学出版社		
社　址	北京中关村大街31号	**邮政编码**	100080
电　话	010-62511242（总编室）		010-62511770（质管部）
	010-82501766（邮购部）		010-62514148（门市部）
	010-62515195（发行公司）		010-62515275（盗版举报）
网　址	http：//www.crup.com.cn		
经　销	新华书店		
印　刷	天津中印联印务有限公司		
规　格	148mm×210mm　32开本	**版　次**	2020年8月第1版
印　张	7.375　插页1	**印　次**	2020年8月第1次印刷
字　数	150 000	**定　价**	59.00元

推荐序

与那些有自恋型人格障碍的人共事或者与其存在亲密关系的人，经常会被他们那令人讶异的相互矛盾的行为搞得既困惑又迷茫。与之形成鲜明对照的，则是其自恋需求潜在持久的一致性。这些需求表现为：过分寻求持续不断的赞美，对于哪怕一点点回绝，他们都会感到异常受伤害，继而唤起毁灭性的羞耻感；他们在这一秒钟是迷人和充满魅力的，在下一秒则可能变得冷淡而精于算计，或者偶尔他们还会出人意料地突然发怒。

在治疗中，我经常发现自恋狂的父母、配偶或孩子都有这种困惑。他们无法相信自己的感知：他们的亲人被困在了由自恋的弱点和防卫所导致的固定循环中。

很久以来，我都希望我们能有一本书，帮助我们了解这个问题的周期性变化，以及治疗的可能性。

最后，我们真的有了这样一本书——《自恋的基因：如何识别和应对自恋型人格》，由持证临床社工桑迪·霍奇基斯所著。这本书文笔优美，读起来令人愉快。霍奇基斯女士将有关这一主题的大量专业文献，进行了梳理和整合，并且用通俗易懂的语言表述出来，以供大众阅读。她对过于专业性的概念进行了解释，并且专门举例对其进行了详细阐述。无论是专业人士还是普通人，这都是不可不读的一本书，它可以帮助读者对自恋型人格障碍有一个更好的了解。

詹姆斯·F. 马斯特森（James F. Masterson）
医学博士，马斯特森精神分析心理疗法研究所所长
康奈尔大学医学院附属纽约医院　精神病学名誉教授

他们无处不在

差一刻钟就五点了，你已经忙碌了一整天。电话一直响个不停，午餐只能随便吃点，每个人似乎都想找你的麻烦。尽管有这么多干扰，对于上周一直盘旋在你脑海中的报告，你还是完成了。稍事歇息后，你查看电话留言，并安排好明天的工作。然后，你开始畅想一顿丰盛的大餐，在浴缸里泡个热水澡，并早早地上床休息。

突然，你的思绪被打断了，有个人将头探进你的小隔间。“老板让我们把这些数据再处理一遍，”你的同事边说边把一摞文件扔到了你的办公桌上，“对不起，我不能留下来帮忙了——我要和朱迪去看电影。”不会吧！你想：为什么这些任务总是在最后一刻才派给我，而且为什么那个留下来加班的人总是我？

一个小时以后，你钻进你的汽车，准备回家。在等红灯时，三个中学生无视驶向四面八方的车辆，仍然慢吞吞地过马路。他们还能走得更慢吗？你礼貌地按了汽车喇叭，希望提醒他们加快脚步。他们却依然悠闲漫步，并且其中一个家伙从你前方经过时，还大声骂了一句脏话。从什么时候开始，这些孩子变得这么充满敌意了？

终于到家了，你走进家门，看见你的丈夫正在悠闲地看晚间新闻，手里拿着一瓶啤酒，咖啡桌上还放着两个空瓶子。“你回来晚了，”他大叫道，“晚饭吃什么？”“剩饭。”你大声地喊回去，在看到冰箱里还有些吃的东西后，才如释重负。“我一整天都在盼着吃烤鸡，”他任性地说，“你应该时常为一个男人做一顿像样的饭。”“或许你可以给‘肯大叔’打个电话订餐。”你小声嘟囔着。

稍后，你正在刷碗时，妈妈打来电话。“你已经三天没给我打电话了。”一听到你的声音，她就迫不及待地说。“嗨，妈妈，你还好吗？”你回答道。“不好，不好，我没有牛奶了，我的支票也该存了，那个该死的清洁女工也不再露面了。如果我有一个除了工作之外还会关心其他事情的女儿，我就不会被迫雇人为我做这些事了。”此时，你脑海里面有个声音说：“如果我妈妈能够停一停，听我讲讲我这一天是怎么过的就好了。”

晚上十点，你那张舒适的大床在召唤你。你穿上那身穿了多年的法兰绒睡衣，终于爬进了它宽阔的怀抱中。但是这一天并未就此结束。“亲爱的，”你的丈夫把你拉到他身边，并用鼻子爱抚你的脖子，“为什么没有穿你生日时我送你的那件睡衣呢？”“真是个不着调的老公——我看起来像是有做这种事的心情吗？”

有时候，这个世界看起来好像充满了自私的人，他们从不为他人考虑，一心想着如何利用别人来达到自己的目的。他们的需要比任何其他人的需要都更重要，而且他们期望在所有方面都得到满足。他们似乎无法看到那些更重要的事情，或者无法理解为什么他们不能总是获得优先权。他们像孩子一样拥有不切实际的期望，如果得不到满足就会暴怒或无比沮丧。通常，为了避免激怒他们，我们往往会选择妥协。

我们都认识这样的人。他们可能是：我们的父母、兄弟姐妹或孩子；我们的配偶、恋人或朋友；我们的同事和老板；我们通过所属的俱乐部或机构认识的人。他们无处不在，我们的生活与他们的交集越多，我们就感觉越痛苦。

这种痛苦是一种人格缺陷的副产品。然而令人不安的是，由于文化标准的问题，我们早已对其习以为常。我们感觉某些东西是错误的，但是我们无法十分确切地说出它是什么。我们在彼此的日常交往中有时能感受到一些不友好、不礼貌或不宽容。在我们的工作场所，我们也能感受到不满、焦虑，和消耗人精力的工作压力。但是，或许最受影响的，还是丰富了我们的生活并赋予了我们人生意义的和朋友、恋人及家人的那些亲密关系。就其本质而言，这种疾病将我们和彼此以及现实隔离开来。无论我们希望拥有什么，或者我们希望成为什么样的人，它都阻碍着我们。它的名字叫自恋，它潜藏在诸多社会弊病背后，折磨着 21 世纪的人们。

对于自恋，大家并不陌生。社会上总是会有自负、贪婪和爱操控别人的人，他们有膨胀的自我知觉，且缺乏对他人的尊重。令人苦恼的是，这种人格缺陷在当代社会已经获得了相当普遍的认同。当今时代，我们不仅仅在容忍自恋，而且还在赞美它。许多我们钦佩的领袖和公众人物都在炫耀他们的自恋癖性，我们也总是迫不及待地效仿他们。他们的粗暴行为在我们看起来是富有魅力且令人兴奋的，所以我们允许自己分享这种“乐趣”。不知不觉地，健康和不健康之间的界限变得模糊不清，“人人都这么做”成了继续沿着这条路走下去的正当理由。

回首20世纪70年代中期，社会学家克里斯托弗•拉什（Christopher Lasch）著有一本书，名为《自恋主义文化》（*The Culture of Narcissism*），它使许多人开始思考，自第二次世界大战结束以来，美国社会发生了什么。他用“全能感”、深信“国泰民安”来描绘20世纪50年代的美国精神，这种精神在肯尼迪执政的“卡米洛”时期达到了巅峰。当一个年轻且非常理想化的总统被刺客枪杀后，事情开始起了变化，当时，第一波婴儿潮出生的人，正值青春期。一场青春困惑和实验主义的“海啸”吞噬了整个文化，而当时恰逢美国开始与其他灾难抗争之时。其后的15年中，经济停滞、越南战争的失败，以及自然资源的日趋枯竭，催生了一种悲观主义情绪。拉什写道：“在一个‘期望渐失的时代’，即将来临的美好前景也会变得黯然失色。”

虽然20世纪五六十年代的“全能”精神带来了史无前例的科学和技术进步，然而最终的结果却证明，这些成就不足以促进政治和社会变革，从而满足20世纪60年代末期越来越以青少年为主导的文化的渴求。拉什描述了我们如何开始对变化中的社会丧失信心，并向内心寻求，专注于唯一一件我们能够有望控制的东西——我们自己。通过提高觉悟、健康水平和人格成长，我们竭尽全力缓解我们对这个未知世界的焦虑。从某种意义上说，我们变得沉浸于“自我”当中。

然而，“自我”让我们又爱又恨。有时候，“自我”与一些不好的品质相关联，比如自私自利、以自我为中心和狂妄自负。另一方面，“忘我”的无私也会使我们产生怀疑。如果某个人过度投身于关心他人，我们会称他为依赖助成者，并告诉他以后要把自己放在首位。无疑，殉难已经过时了。但是当我们将自我与“自主”或“自尊”联系在一起时，自我则变得完全正面了。

自我是好的还是坏的呢？如果不对自我投以某种程度的关注的话，人将无法发挥身体机能，更别提活下来了。如果不关注自我，我们就不会有发展，也不会有意识，就无法发现我们的天赋，我们的价值也无法形成。一个没有自我意识的世界将会没有创造力、没有色彩、没有层次。多样化将不复存在，人也没有必要去做选择。如果没有“我”被“你”深深迷住的话，即使是爱情也会变得毫无意义。

健康的自恋，能够为一个人的真正自我注入活力，会在婴儿期和幼儿期生根，并生长开出饱满的花朵，从而使人享有情感丰富、高效能且令人满意的成年生活；健康的自恋允许我们嘲笑自己的不完美，允许我们对自己进行深度发掘，从而创造出独特的自我，并在这个世界上留下积极的足迹；健康的自恋，使人能够感受各种各样的情绪，并能够进入他人的情感生活；健康的自恋，使人能够智慧地区分现实与幻想，但同时仍能有梦想；健康的自恋，使人能够坚定地追求并享受自己的成就，而不是病态的自我怀疑。健康的自恋以真实的自尊为基石，而这在我们通常称之为“自恋狂”的人身上，是完全缺失的。无论什么年龄的自恋狂，他们的情感或道德发展都是不成熟的。这些人缺乏现实的自我知觉和内化的价值系统（不同于绝对的利己主义）来引导其行为。他们不能准确评估个人实力，取而代之的则是并无真才实学和重要地位的夸夸其谈。在不可避免的缺点面前，他们并没有应有的谦卑，取而代之的则是绝对和完全不能容忍的羞耻感，但其通常都会隐藏得很好。他们也无法重视，或者甚至经常无法认识到，他人的独立存在或感受。自恋狂可能是令人生畏的、令人着迷的，甚至可能是一个传奇人物，但是在高谈阔论或超凡魅力的背后，他们是情感上的跛子，其道德发展水平无异于一个蹒跚学步的孩子。

对于自恋狂们的思想和行为的特有方式，我在第一部分将其描述为“七宗罪”。其中的某些，如权力感及同时存在的愤怒、傲慢、异想天开（自大和全能感），都是自恋的常见面孔。但是你或许会惊讶地发现，在由缺失同理心而导致的真空中，充满的是人与人之间界限的缺乏、源于内隐羞耻感的情感淡漠、妒忌及其“搭档”轻蔑，并且相对于骄傲自负或单纯的自私，这些更能反映不健康的自恋。这些行为和态度的目的是保护发育不良的自我，但它们是以牺牲他人福祉为代价的。之所以说它们是致命的，是因为自恋狂不仅不懂尊重其他人的权利，而且还可能侵犯别人的人格尊严。之所以说它们是有罪的，是因为它们也会同时将那个“罪人”毁灭。自恋的七宗罪不仅伤害他人，而且阻碍自恋狂发展出真正的自我。

弄清楚如何保护自己免受所遇到的自恋狂的影响，了解你正在面对的是谁，以及他们是如何变成这样的，是很有必要的。在第二部分，你将了解到，在我们人格成长的过程中，自恋是我们在幼儿期都会经历的一个正常阶段。为了顺利过渡，我们需要来自成熟父母的帮助，他们会合理地检视其自身不健康的自恋，并且能够在帮助孩子建立价值观和给予他人尊重的同时，培养孩子的个性。如果父母自身就是自恋狂，他们通常会通过各种自私自利的方式利用他们的孩子，并且无法引导孩子们健康地解决其正常的儿童期自恋。结果就是他们培养出了新一代的自恋狂以及很容易为这种人格类型所吸引的人。

在第三部分，你将会了解到四种生存策略，它们可以保护你免受自恋狂带来的伤害。首先，你要辨认出你过去的经历会给你带来哪些弱点。你在儿童期遭遇父母的自恋行为越多，就越有可能受到现在所遇到的自恋狂们的影响。有的自恋狂父母会养育出新的自恋狂，而另一些自恋狂父母养育出的孩子，则恰恰与他们相反——这些孩子对羞耻更加敏感，对认同的渴望更隐蔽，更有可能被利用而不是利用他人，但同样会在个人界限上混乱不清。这种混乱，连同他们在维护自身权利上的困难，导致他们容易成为自恋狂掳获的猎物，而这些人会继续像他们的父母一样利用他们。如果你发现自己时常卷入和自恋狂的关系中，你必须要找出其到底对你有什么吸引力，审视过去的幻觉并立足现实，清楚地识别并建立个人界限，努力建立和维持互惠的人际关系。这些是你用于防范他人不健康自恋的最有效的对策。本书的写作目的就是教你如何在日常生活中应用这些原则。

自恋狂会将他们自己看作“特别的人”，因此第四部分将尽可能深入地探索那些自恋让人特别烦恼的典型情况。例如，青少年的自恋和恋爱关系中的自恋，都存在正常与不正常的分界线。自恋狂也更容易有成瘾行为和强迫行为，因为他们对于羞耻特别敏感。应对工作中的自恋狂，或者与上了年纪的父母相处，需要一种能力——既能在情感上不受他们影响，又能够在保持平静、尊重和关怀的基础上，依然参与到必要的事务中去。我希望我们所探讨的那些技巧，能够帮助你就自己的各种关系做出更好的决定，且生活得更加安宁。

最后，第五部分，放眼未来，对控制好我们周边的不健康自恋所需要做些什么，进行了探讨。我们的文化中充斥着自恋所带来的影响，导致我们对面临的实际问题感到麻木迟钝。为了与之抗争，我们需要强壮的、真实的自我，它能够超越纯粹的利己主义。当我们知道了自尊到底来自哪里，并且做好养育健康孩子的准备（当这些是我们的头等大事时），我们将转危为安，并迈向一个更美好的世界。

目录

Why is it Always About YOU?

第一部分

自恋的七宗罪

THE SEVEN DEADLY SINS OF NARCISSISM

Why is it
Always
About
YOU?

第 1 章
羞耻感的丧失

Why is it Always About YOU?

斯蒂芬妮的网球

斯蒂芬妮感觉到球干净利落地离开了她的球拍，并且眼看着它快速地飞到了后场深处，刚好落在了底线里边。她的注意力一部分在球路上，另一部分则在她自己的动作上。“看球，”她告诉自己，“到达边路，抽杀成功，彻底结束。”正手接着一个正手，她不断重复着她的无声咒语，直到有意识的努力再也跟不上她训练的节奏。在某些瞬间，她进入这样的一种运动员们都很珍视的“状态”，此时，所有的力量都汇聚在一起，没有任何差错。

她暗暗微笑，情不自禁地兴奋起来，不知道她的丈夫道格是否也注意到了她今天打得多么棒。而此时一个沉重的下旋回球急转进入她的反手。她一个箭步猛冲过去，一击，用她的球拍边缘接到了球，并将它打回去，球飞出了球场。“你永远都认不出这种旋球。”道格从远处的球场责备她。“永远都认不出。”斯蒂芬妮重复道，突然间，她感觉自己像是一只刚刚爆裂的内胎。痛苦涌向她，并停留在胸腔中间。她感觉非常疲惫以至于无法移动双脚，非常笨拙以至于无法使她手中的球拍够到向她急速飞来的小小的亮黄色小球。“在这项运动上，我毫无天分。”她的想法非常糟糕，接下来的三个球全都被她猛击到了球网上。片刻之前的得意洋洋早已荡然无存，取而代之的则是由无能而引起的无望感。斯蒂芬妮将涌到眼眶的泪水逼了下去，并锤了一下自己的后脑勺。“你太孩子气了。”在整理好背包回家时，她对自己喃喃自语道。“你又要在我面前临阵退缩吗？”道格大声喊道。他只是在逗她，试图刺激她回去训练，但是他的话就像在她新鲜的伤口上撒盐。今天，斯蒂芬妮再也提不起打网球的兴致了。

老兄，你或许正在想，她是不是太敏感了，你或许是对的。在我所从事的行业中，我们称之为一个“自恋的伤口”，对于旁观者而言，刺激到它的事情非常微不足道，但是对于受伤的一方来说，就像在这种情况下的斯蒂芬妮一样，这种痛苦是毁灭性的。看似一件平平无奇的小事，实际上却再次揭开了一个相当古老的伤口。同时，信任关系被一个“不同频的”沟通（他的批评和她的欣喜是相冲突的）破坏了，简直就是雪上加霜，斯蒂芬妮那个值得信任的丈夫无法帮助她驱散痛苦。斯蒂芬妮的过度敏感，好心情的突然崩塌，以及她在平复情绪上的困难，都指向了一个特定的有关其经历的原始程序，它的编码已经进入她的心灵深处，并且很有可能已经超出了有意记忆的范围。那就是她羞耻感的硬盘驱动器。

羞耻是人类最难以承受的感受之一，无论我们处于人生中的什么年龄，或者地位如何。它不同于内疚，它与罪行无关，而是关乎普遍的个人缺陷所带来的困扰。我们首先从我们的母亲或者主要依恋对象那里体验到羞耻。从一岁左右开始，我们会将感兴趣的事物带到她（通常）面前，她不仅没有分享我们的喜悦，取而代之的则是眉一皱脸一沉地说“不可以”。这种突如其来的否定粉碎了我们对于能力和重要性的幻觉，这关乎我们在人生早期如何看待我们自己（在人生早期，我们会出现错觉，认为自己很有能力且很重要，但父母当头一棒的反对，使这种错觉遭到了破坏）。毫无征兆地，我们被从乐园里驱逐了出来，而且原因只可能有一个，那就是我们不好。

对于某些儿童来说，这种经历在其社会化的过程中，一遍又一遍地反复出现，而且是如此势不可挡，导致他们从未成功地克服过它，因此他们终其一生，都在避免任何会让他们感觉羞耻的事情发生。神经生物学的新近研究表明，在社会化刚刚开始的年龄段，发展中的大脑尚未为处理强烈的羞耻经历做好准备，因此在这一关键时期，缺乏能够在情绪上与其同频的父母会实实在在（终生）地阻碍其寻找一种恰当的方式，来对这种令人极其不快的情绪进行调节。对于父母而言，要想帮助幼儿大脑得到恰当的发展，就要为那个幼稚的大脑提供其尚不具备的那部分功能，缓解它们所承受的羞耻感。

凯瑟琳是一位母亲，她有一个活泼的两岁孩子——简妮，是一家人的掌上明珠。某一天，当简妮不得不跟一个来家里做客的婴儿分享凯瑟琳的注意力时，她打了那个婴儿，以此来表达自己的愤怒。凯瑟琳吓坏了，她训斥了简妮，然后把她送回了房间，简妮的眼中流下了羞耻的泪水。然而，凯瑟琳又很心疼简妮，因此没有让她蒙羞太久。过了一会儿，凯瑟琳去找简妮，说：“打小宝宝是不好的行为，你以后绝对不可以再这么做了。但你是个好女孩，妈妈爱你。现在让我们去对贝琪说‘对不起’。”然后凯瑟琳给了简妮一个拥抱。她们一起返回客厅，在凯瑟琳的帮助下，简妮道了歉。

当父母不能像凯瑟琳那样回应，以缓解他们所强加给孩子的羞耻感时，孩子就会发展出他们自己的补偿对策：他们会筑起一道墙，来把这种无法忍受的感觉隔离开来，然后他们会使用幻想，让自己和墙后面的“怪兽”保持距离。他们会将自己幻想为特别的、强大的和重要的，并紧紧抓住这些想法不放。

对于自恋狂而言，羞耻感是那么无法忍受，以至于他们会发展出这些对策来，从而完全不让自己去经历它。心理学家所说的“被绕过的羞耻”，看起来很像无耻或者缺乏良知，它隐藏在一道由否认、冷淡、指责或愤怒所构成的防护屏障的后面。既然不存在可行的健康的内在机制去处理这种痛苦，羞耻感就会指向外界，远离自我。错误将永远都不会是“我的错”。

我想起一位年轻女性，在她十八九岁到二十四五岁期间，我曾经与她共过事。她小时候父母离婚了，她被她那个以自我为中心的父亲时而纵容、时而忽视，长期的低自我价值感令她无比挣扎。她认为自己很愚蠢，并且一而再再而三地在行为上表现出这种无能感。然而，与被父亲拒绝和遗弃所带来的羞耻感相比，无能感以及伴随着无能感的羞耻感则更容易感受到。在她得知父亲确诊癌症后的某一天，那种深深的痛苦以一种戏剧性的方式被表达了出来。“刚好赶上我的婚礼，”她说道，嘴巴扭曲出一个难看的冷笑，“在我的人生中，他从来都没有为我付出过什么。”亲人死亡的幽灵（被彻底地遗弃）推搡着她挤过无能所带来的羞耻感，而进入一种冷酷的愤怒的状态。对于这种突发的冷淡，她甚至没有表现出一点点的尴尬，只有毫不掩饰的受伤者的蔑视。

更典型的是，羞耻感丧失的自恋狂给人的印象是超级漠不关心，甚至缺乏道德意识。我们发现，这些人在情感上很淡漠，我们可以认为他们厚脸皮、过于自信或冷漠。然而，出人意料的是，他们对于某些小状况比如社交时不经意的怠慢做出的反应，却令我们感到吃惊。当那种令人羞愧的感觉偷偷地越过屏障时，这些“寡廉鲜耻”之人的面具就被扯了下来，从而露出了真面目——对羞耻感极度敏感。此时，你会发现如果他们受到伤害，往往紧接着就产生愤怒和指责。当羞耻感的恶臭穿透他们所筑的围墙时，他们便会猛烈地报复。

在所有不健康自恋的下面，都潜藏着羞耻感，而且不能用健康的方式处理羞耻感（像更健康的人所做的那样，去面对它、对抗它并继续前行）导致了自恋狂所特有的那些心境、态度和行为。

Why is it
Always
About
YOU?

第 2 章
异想天开

尽管人们总会有办法从无法忍受的羞辱经历中摆脱出来，但对于自恋狂来说，不惜一切代价避免羞耻仍然是一生的课题。总是存在着某个人，他更好、更有活力、更美丽、更成功、拥有更多你想要的东西。然而人无完人这一事实，对于自恋狂而言，起不到任何宽慰的作用，因为他们把自己看作这一自然法则的例外情况。他们所追求的目标是，找到一个途径，使他们保持内心的振奋，从而不去面对残酷的现实。他们所使用的这种典型的方法，包含了大量的扭曲和幻觉，心理学家称之为“异想天开”。

假设有一位女性，我们给她起名叫赛莱斯特，她每年的十二月份都会在某个休息日举行一次家庭招待会，在她看来这是一次盛宴。有一年，这个活动的策划花费了她好几个月的时间。她提前很久就开始如痴如醉地筹备：提供哪些食物和饮料，如何装饰她那个宽敞迷人的家，要将谁列入客人名单，特别是届时要穿什么。为女主角找一件合适的礼服，对她来说至关重要，因为晚会上的特色节目，毫无例外地，会是自己演唱传统曲目《圣善夜》，由儿子钢琴伴奏。

赛莱斯特幻想着，如果她没有被那个风度翩翩的年轻律师（这个人后来成了她丈夫）搞得神魂颠倒的话，她的一生都将会在世界上最华丽的歌剧院中，在观众的掌声和欢呼声中度过。虽然为了丈夫她离开了热爱的行业，但是她仍然酷爱表演并且富有天分，她渴望将自己美妙的歌声与那些有修养的观众，也就是她的“闺蜜与粉丝”分享，因此每年都会召集他们一起观看她的专场演出。而真相是，台下的客人们都在吧台假装喝酒，以此逃避这种折磨。然而，赛莱斯特没有察觉到他们的不舒服，或许就这点而言，这些“闺蜜和粉丝”已经觉得她变得古怪了。塞莱斯特整日沉醉在演出和准备时的幻想中，从而将现实完全屏蔽掉了。

赛莱斯特已经到达这样一种状态，就是依靠她的幻想，将自己与其内在的空虚隔离开来。她用一种浪漫化的方式看待她的世界，为她自己和她所爱的人都安排了理想的角色。在她的头脑中，她有着超常的天分，她的丈夫和儿子都是小说中的英雄，她的“朋友们”都无比高贵，她的生活就是一个永远不会结束的童话。她给自己所讲的那些故事，使得她感觉自己很独特且有控制力，任何有可能打破这些假象的东西，都会被直接忽略和摒弃掉。同样地，家人和亲戚们也学会了巧妙地处理这种对现实的否认，因为她所制造出的这个泡沫一旦破裂，就会使她那自欺欺人的羞耻感暴露出来，导致潜藏的愤怒喷涌而出。

然而，并不是所有喜欢理想化现实的人，都想让自己处于幻想的中心。实际上，有些人不愿成为被关注的焦点，而宁愿“笼罩在”另一个人的强光中。这些所谓的“藏在衣柜里”的自恋狂，通过与某个他们仰慕讨好的人建立关系，来维持他们的自大感和全能感。他们精通奉承的艺术，并将自己塑造为最忠诚的恋人或朋友——直到有一天，说不好是因为什么，他们再也无法维持对于“偶像”的特殊之处所存有的幻觉。然后，在没有任何征兆的情况下，他们的赞赏就突然消失，转向新的赞赏对象了。当你发现，自己就像午夜的钟声敲响之后穿着破烂的衣衫、和南瓜以及老鼠在一起的灰姑娘时，你已经卷入了和这种类型的人的关系中。回顾往事，你会发现，这个人对你的好也有一点不真实。但是，当你的玩笑显得那么有趣，你的思想显得那么闪光，或者每次当你进入房间某个人的眼睛都会亮起来时，那种感觉实在令人无法抗拒。

自恋狂的虚幻世界具有迷人的诱惑力，他们向你承诺，你在其心中占据着特殊的地位。他们表现出来的魅力非常令人着迷，他们的捉摸不透、风趣和激情四射使你不知不觉陷入其自恋之网。在任何情况之下，被挑选出来成为被关注的对象，都会令人感到兴奋，但是当仰慕者是一个自恋狂时，那种令人愉快的感觉，通常会突然之间出乎意料地结束。当你无法继续支撑这个人脆弱的自我时，你也有可能会感觉到自我也被突然之间“泄了气”。如果这种情况反复发生在某段重要的关系中，会给人带来毁灭性的伤害，发生在与家庭成员或老板的关系中时尤为如此。在这种人面前，我们感觉被约束，被操控，感觉无助或愤怒——或感觉情绪在坐过山车，时而兴奋时而沮丧。自恋狂制造了一个强大的力场让你很难避开，而且你一旦被拖入其中，就近乎进入了失控状态。早期和类似的人相处的经历可能会给你遗留下某些自恋的弱点，他们则会利用你的这些弱点。

除了异想天开之外，自恋狂还会用一些更具破坏性的方式来歪曲事实。其中最有害的是这样一种方式——无论是什么触发了其自身的羞耻感，他们都会将它转移给其他人。这就是心理学家所说的“投射”，我给它起了个新名字叫“倾泻羞耻”，它是一个在自恋的家庭中普遍存在的现象。例如，一个对其自身的性欲感到抵触的母亲，可能会骂她十几岁的女儿是荡妇，甚至能成功地让这个年轻女孩接受这个标签，并开始行为不检点。似乎女儿就是一块“白板”，而母亲则在上面投射她所不能接纳的性欲。虽然这能有效地保护自恋的母亲，使她不用去感受羞耻感，但对于孩子来说这是致命的。对于在这种有害环境中成长的孩子而言，当父母的羞耻感投射成为其自我认同的一部分时，他们就会时常遭受低自尊之苦。

从自恋狂的角度来看，异想天开、利用理想化、倾泻羞耻和贬低他人，都是他们在试图避免不完美感和无价值感。即便没有其他坏处，这些策略也为亲密关系和同伴接纳设置了障碍。在与这样一个人的关系中，你将永远都无法得知，“真实的你”被爱和被欣赏是什么样的感觉。更糟糕的是，无休无止的扭曲会令你感觉混乱，并消磨你的自尊。

Why is it
Always
About
YOU?

第 3 章

傲慢

许多自恋狂表现出来的人格特点，常会被其他人看作“优越感情结”。但是在傲慢面具的后面，是一个脆弱的隐藏的自尊气球，它永远都不会满足于成为“好的”或者“非常好的”——只要他们不是比别人更好的，他们就毫无价值。价值总是相对的，从来都不会是绝对的。从他们的观点来看，如果其他人的“股票”价格上涨了，他们的“股价”就会自动下跌。反之，他们如果感到自己被

“贬值”了，就会通过轻视、贬损和羞辱其他人，而使自己重新升值。这就是为什么自恋狂通常都会专横、武断、追求完美和贪图权力。他们只是在尽力保护自己最大可能地远离不完美感和羞耻感的入侵。如果他们的气球被生活中的不幸扎破，他们就会通过证明其他人更糟糕，来进行自我修复。有时，这一过程是悄悄完成的。

弗朗辛来见我时，她已经患急性焦虑症（又名惊恐发作）近一个月了。她的焦虑是因为她丈夫最近陷入了抑郁，以及她特别害怕他有可能会失业。虽然她谈到了紧张的性关系——近 10 年来，这个问题使她们的婚姻变得很糟糕，但是很显然，她当前的情绪危机已经导致了她对他的贬低。实际上，她说，她正在认真地考虑离婚这一问题。远离他和他的失败，似乎是唯一能使她恢复自身平衡的途径。

弗朗辛想让我知道，她受过良好的教育，拥有艺术天分，并且克服了生活中的种种厄运，包括上一段婚姻的失败、药物成瘾、破产，尤其是她自己的一次抑郁——源于工作中感受到的蔑视和失控。她很冷漠地讲着这些故事，给人的感觉是对于这些事情她都没有责任，这是一种情感抽离，是自恋狂逃避羞耻感的特有方式。在讲述这些的时候，她既没有痛苦也没有难堪，而是表达出这样一种意思：那么多糟糕的事情竟然都发生在了她身上，实在太令人不可思议了。在她的眼中，她是一个战胜了逆境的伟大的受害者。

虽然受其健康保险的限制，我们只能将治疗局限于一种被称为“聚焦于问题解决”的方式，我提供了结构化的安排，并且帮助她设立了能够在 6 到 12 次的会谈中实现的行为目标，但是弗朗辛拒绝了我的努力。在我尝试向她说明她的困境时，她马上问我是不是完全搞错了。很快地，我发现我的工作只能是像镜子一样照出她的独特优点。除此之外，任何一点额外的帮助，都意味着我在我们的关系中占了上风，这是绝对不可容忍的。有时，我感觉我的存在相当多余，似乎对于她的康复，我无能为力。但这正是弗朗辛需要我有的感觉，而且这种在不知不觉中对我的贬低，对其来说反而有治疗的效果。

证实了这些，我既不挑战也不介入，只是以“牺牲”我为代价，接纳她对于优越感的需求。弗朗辛将她的注意力从她丈夫的缺点，转向了恢复她那受伤了的自我形象。她满脑子想着的都是自己那个让人心烦的身体——她的身体对于食物和药物都非常敏感，像极了童话故事里那个公主，在铺了像小山一样高的床垫子后，仍能感觉到底下那一颗豌豆。她开始“滋养”自己，并且渐渐变得足够自信去竞争并赢得一份称心如意的工作，给自己的职业生涯找到一个新的方向。我愿意容许她在暗中贬低我，或许那能够使她丈夫幸免于难，为自己的康复赢得一些时间。不管怎样，经过那次危机，他们的婚姻幸存了下来，而且弗朗辛的惊恐发作也平息了下来。但是，当她追求梦寐以求的工作时，从众多竞争者中被选拔出来，才是真正使她重新站起来的原因。

对于自恋狂来说，各种各样的竞争是使其优点得到再次肯定的一种途径。由挫败导致的强烈的羞耻感，使他们倾向于选择那些他们能够表现突出、没有太大的风险、也无须付出太多努力的领域，而且当获得了成功时，他们会变得无法自控地去追求完美。在此过程中，他们渴望得到他人的赞赏。对于这种自恋狂来说，寻求赞赏意味着，他们对于自己的优点并不是十分确信，需要别人给他们再加一些油。

另外一些不那么成功的人，他们或许无法用他们所取得的成就来证明他们比你好，这时他们可能会依靠“攀附达人”的小把戏，来维持其优越感。那些攀附权贵的人和所谓的“包打听”都属于这一类。“输不起的人”通常都是自恋狂，他们无法忍受将其“比最好的要差”这一点暴露在人前。对他们来说，成为一个平凡或普通的人，是绝对无法容忍的事——如果他们不能做到最好，他们就一无是处。

自恋狂很少能够依靠自身维持其优越感，因此，他们渴望成为其他人关注的中心，渴望得到他人的称赞、掌声和认可，从而保持他们的膨胀感。他们对其他人的评价十分敏感，经常对于无条件的认可和称赞抱有不切实际的期望，即便当他们的实际表现并不应得到如此的回应时也是如此。

如果说有一个有眼光懂得欣赏的观众是件好事，那么能够控制他们岂不是更好？对于自恋狂来说，权力不仅是对其优越感的一种肯定，还是一种途径，用于控制他人以确保“自恋补给”——任何能够供养一个脆弱自我的东西。他们所拥有的权力越大，就越能够自由地贬低他人，以保持自己的膨胀感。在许多现代的工作环境中，这种服务于某些人的自恋的权力滥用，已经成了极其常见的特征，引发了工作上的道德和行为问题，甚至造成了家庭中严重的功能失调。这种强加于他人的伤害，从根本上来说，还是由于觉得自己不如别人，从而为了摆脱其可能产生的羞耻感。

因而，傲慢和优越的姿态就起到了保护伞的作用，使不完美的“恶臭”远离自恋狂，使其与无法承受的关于个人缺点的羞耻感隔绝。缺点里面携带着那个挑剔的、总是羞辱自己的父母的疾言厉色，让他无论如何都要逃离。因此，当你和傲慢不期而遇时，它并非像你所看到的那样自豪，它是一种深深的、非理性的对于无价值感的恐惧。正如后来所证明的那样，消除这种恐惧的唯一办法，就是感觉到自己很重要——比任何其他人都更重要。

Why is it

Always

About

YOU?

第 4 章

妒忌

当一些人拥有某些自恋狂所缺少的东西时，自恋狂维持优越感的需要就遇到了障碍。当这种威胁在潜意识深处刚一冒头，其内在的气球嘭的一声就爆炸了。“危险！危险！”警报响了起来，“最好开启抵消器！”自恋狂会选择用什么武器来消除羞耻感带来的轰隆声呢？

答案是蔑视。“那个某某人并非像他自己所认为的那样是个什么重要人物。”尽管那个所谓的“某某人”可能特别谦逊，而且完全没有意识到自己已经冒犯了别人——这是一种自恋的扭曲，类似于倾泻羞耻，可能跟现实没有任何关系。接下来就是列出这个人一连串的缺点，而且这些缺点可能相当地恶劣。其意图（通常完全无意识）在于，通过充分地侮辱这一个人，使自己（通过比较）重新回到优越的地位上。他们或许能意识到蔑视的感觉（总能找到正当理由，一定能），但是妒忌的感觉将被坚决拒之门外。让妒忌进来将意味着承认自己低人一等，机智的自恋狂是永远都不会这么做的。

蔑视经常会用语言表达出来，有时也会用行为表达。我曾经见过一对夫妇，对羞耻的敏感不断在他们的关系中制造出严重的问题。他们二人都是律师，并且都习惯了做主。在他们的第一次会谈中，丈夫迟到了，我闻到了淡淡的酒味。“我在你的灌木丛里撒了一泡尿。”在我们做自我介绍时，他说了这么一句话。一时间，我不知道该说些什么。然后我意识到，对于他来说，与一个陌生人一起探索他的婚姻问题，而且这个陌生人的弱点是不可知的，是多么残酷的一件事。甚至在我们见面之前，他也一定在想：“坐着审判我的那个女人会是谁呢？”所以他就弄脏了我的灌木丛，还特意告诉我。

一个名叫乔尔的聪明的青年男子（一个研究生），他的家庭互动已经给他留下了自恋的伤口，一天，他一脸忌妒地与我探讨他的问题。“我项目团队中的这个家伙总是挑我的毛病，我都不知道为什么，”他告诉我，“实际上他相当和蔼可亲，但是他已经结婚了，也许是这个原因，令我很苦恼。我一直在想，他失去了去酒吧和与女人们偶遇的机会。我的意思是，我们年龄差不多，我在外面玩乐，他却结婚了。我为什么会关心他是否结婚了呢？这为什么会让我看不起他呢？”

陪伴乔尔成长的是一个不得志的父亲，他对儿子非常挑剔。乔尔的妈妈认为丈夫很失败，希望儿子能做得更好。为了达到母亲的期望，乔尔承受着巨大的压力，而且一旦没有达到目标，他的脑海里就会有一个声音责备他，就像他自己的声音一样。这个声音反复出现，使乔尔很恼火。每当他埋头努力工作时，他就陷入了内心的冲突和防御状态。许多他认为“有趣”的事情，不过是“内在父母”施加给自己的强制要求。频繁出入各种娱乐场所、周末的饮酒狂欢，以及取悦那些并不重要的女人，都只是在拼尽全力成为一个受欢迎的人，为的是反抗那个挑剔、苛刻的“内在父母”。

但是当乔尔碰到一个已经拥有了幸福婚姻并安定下来的同龄人时，关于 20 多岁“应该过上什么样的生活”这一问题的标准答案就冒了出来，很明显乔尔不符合这个标准。“内在父母”开始抱怨了：“你为什么就不能长大，成为一个负责任的成年人？”但是乔尔根本就没在听，他正忙着“止损”。“我一点儿都没错，”他的内在防卫者大声喊道，“我只不过做了任何一个 24 岁的热血青年都会去做的事情而已。那个结了婚的家伙才是个怪人。想想看，他才 24 岁就结婚了。”

最初，乔尔拒绝承认他正在经历一场忌妒，但是当我们把零散的片段拼合在一起时，对他而言，所有的一切都有了意义。他当然不是妒忌那个男孩结婚了，但是他的确很强烈地想拥有那个同事所显露出来的成熟，相比之下，周末的狂欢让他看起来像个青少年。出于本能，最好的防守就是进攻，为了摆脱忌妒，他开始看不起他的同事。

有时候，妒忌的高傲面孔隐藏在一个过度赞美和崇拜的面具之下，而紧随其后的通常是一个自贬的评论。“这是我所吃过的最棒的奶酪蛋糕！我无比钦佩会烘焙的人。你知道的，我对烹饪根本就是一窍不通。你是怎样在做它的同时，还能保证其他事情有条不紊的？你真是太有天分了！”你的奶酪蛋糕暴露了自恋狂在烹饪上的不足，他没有做任何准备去防御。因而，他以一个高姿态将厨房割让给了你，并将他的优越感迁回道德领域。“我或许不会烘焙，但是没有人能比我更有欣赏力或更慷慨大方。虽然你会做美味的小奶酪蛋糕，但我还是比你好。”请注意，一旦自恋狂重新建立优越感，会快速转移话题。谈话再也不会涉及你烘焙的食物，和你的其他天分了。

对有权力的人阿谀奉承，是隐蔽的妒忌的另一个表现。对一个自恋狂来说，其他人的权力非常具有威胁性，不仅会激起其妒忌和蔑视，还会引发其对报复的恐惧。讨好行为有助于抑制危险的想法和冲动，同时还可以尝试去控制另一个人。通过取悦有权力的那个人，自恋狂甚至还能够为他自己争取一些权力，或者凭借与这样的人有私交而得到庇护。

妒忌是一个常见的人性弱点，因而成为了《圣经》中的一项致命罪行。这就是当那些富人、名人、才子或者俊男靓女英年早逝或身败名裂时，我们会格外关注的原因之一。“飞得越高，摔得越狠”不仅仅是对狂妄自大的告诫。当那些大人物或公众人物跌落神坛，我们内心深处就会在某个阴暗角落用幸灾乐祸的眼神注视着他们。我们喜欢他们的缺陷和不幸，因为那意味着他们和我们之间的差距缩小了。

由于极度渴望成为优越者，自恋狂的妒忌极其隐秘。就像在自恋狂内心里所存在的其他东西一样，它是无意识的或者被否认了，这使得它变得非常危险。由于既没有意识到妒忌，也没有意识到自己对于优越感的需要，这些人感受到的，或许就只有自以为是的蔑视了。而且，亲爱的读者，这恰恰就是憎恨的别名。

Why is it

Always

About

YOU?

第 5 章

权力感

不久前，一个焦躁不安的年轻女人在她举行婚礼的数周之前来见我。她告诉我，她的母亲不再跟她说话，这全都是因为她们在伴娘礼服颜色上的观点不同。她一边讲着，一边眼泪顺着脸颊不停往下流。在这件事情上，女儿一反常态地拒绝向母亲妥协，并坚持用她选择的颜色。母亲被激怒了，她不仅不再跟女儿说话，而且拒绝参加她的新娘送礼会，并且逢人便讲，她女儿竟然是这样一个忘恩负义的人。我的来访者感到非常痛苦，并尽最大努力进行弥补。她给母亲送小礼物，对母亲为她举办如此美好的婚礼表示诚挚的感谢。但是她的母亲并不为之所动——把礼物原封不动地退了回来，并索性将怨恨带到了那个大日子里，敷衍了事地参加了典礼，就早早地离开了，甚至拒绝接受女儿送给她的婚礼照片。女儿继续设法寻求和解，但是直到几个月前她的母亲才愿意跟她通电话。即使在她们重建关系之后，母亲也仍然认为，在这次关系破裂当中，她不需要承担任何责任，全都是她女儿的错。

很难想象会有这样顽固的母亲，竟然会因为配色方案这种微不足道的小事，去破坏爱女的婚礼日。但这就是自恋的权力感的本性——看待问题的时候只有一个非常主观的视角，“我的感觉和需要是唯一重要的事情，我想要什么，就应该得到什么。”相互性和互惠对他们来说则是完全陌生的概念，因为其他人的存在仅仅是为了赞同、服从、迎合和安慰——简言之，要想到并满足“我”的每一个需要。在满足“我”的需要这方面，如果你不能使自己有用，你就毫无价值，而且很有可能受到相应的惩罚，如果你违抗“我”的意志，就等着“我”冲你发脾气吧。地狱烈焰都比不上自恋狂的怒火。

自恋狂拥有很多不合理的期望，比如他们认为自己应该有特殊待遇，别人就应该服从他们，因为他们是与众不同的。在社交情境中，你一定要谈论他们或他们所感兴趣的话题，因为他们比其他人更重要、更博学多才或更有魅力。任何其他的主题都令人生厌，无法引起他们的兴趣，而且在他们的眼里，他们的确有权受到优待。在人际关系中，他们对权力感的感知意味着，你必须照顾他们的需要，但是他们没有任何义务去倾听或理解你。如果你坚持认为他们有这个义务，你就“很难相处”或者在向他们的权力发出挑战。“你怎么敢把你自己放在我的前面？”他们似乎会（或者有可能真的会）这样问你。而且如果他们真的比你有权力，他们会觉得他们有权按照自己认为合适的方式“使用”你，并且不允许你质疑他们的权威。任何不顺从都会被他们视为对其优越性的攻击。对自恋狂意志的反抗意味着对他们的伤害，会触发他们的愤怒和攻击。

对权力感的信奉，是从幼儿期自我中心阶段延续下来的。一两岁的时候，儿童会有一种天生的自大感，这是他们发展过程中必不可少的一环。这是一个过渡期，随着年龄的增长，当他们形成正确的自我认知时，就能够调整这种妄自尊大及无人能敌的感觉。然而，对一些孩子而言，“与众不同”这个气球永远都不会爆裂；而对另一些孩子而言，当父母或照顾者令他们感到极其羞耻，或者在羞耻经历发生之后无法给他们提供安慰时，破裂则会残酷地突然发生。无论是陷入羞耻感，还是设法成功地避开这一感受。在与其他人的关系中，如果儿童不能将其脆弱的幻想逐渐转变为对其自身更现实的认知时，他们将始终认为自己是宇宙的中心。这种儿童可能会变成专顾自己的“权力感怪兽”，不懂得社会交往，无法考虑人际关系中的互惠原则，做出哪怕一点点的自我牺牲。而从未经历过泄气感的孩子，则会变成一个傲慢的成人，他期待别人始终如一地充当一面镜子，来反射他的精彩绝伦。如果处于当权者的地位，他们会成为自负任性的暴君，独行其是、为所欲为，不为任何其他人考虑。

跟羞耻一样，由权力感受挫产生的愤怒属于原发情绪，是我们在“同频”的父母的帮助下，最先学会管理的情绪。在 18 到 30 个月年龄段——“可怕的两岁”——的权力斗争期间，儿童正常的自恋的愤怒会加剧，此时需要“适度挫折”——既不会过于蒙羞，也不会威胁到儿童刚刚发展出的自我意识。在自我意识发展的关键期，如果孩子遇到的是暴躁的、轻蔑的或爱戏弄人的父母，父母的面孔图像就会存储在孩子发展中的大脑里，并在孩子将来遇到压力的时候被唤醒，激发其具有攻击性的暴怒。此外，在这一关键时期，如果父母无法与孩子同频，就会妨碍负责约束攻击性行为的脑区功能的发展，导致孩子终生都难以控制攻击性冲动。

相反，在理想的环境下，孩子所记忆编码的是一个“安静的、能够给予其帮助的”父母，他们接纳并包容那些不合规矩的行为，帮助孩子学会管理愤怒和羞耻，以及延迟反应。“足够好”的父母能够容忍发生在孩子身上强烈的负面感受，并且拥有足够的自我控制力，不会报以猛烈的回击。就其本质而言，孩子吸纳了父母富有同情心的行为，并使其成为自我价值感的一部分。

当自恋狂传达出“我应得”的信息时，他感受到的不是其有价值。自恋的权力感和真实的自尊无关，真实的自尊源自一个人实际的成就，且其理想存在真实性。那些感觉有权获得尊重却不需要相应给予他人尊重的人，或者期待不劳而获或者毫无困苦的人生的人，正在丧失掌握其命运的力量。本质上，他们所扮演的是一个消极的角色，指望依靠外部力量获得幸福，当他们的期待落空时，他们就感受到无力感。通过索取权力，他们渴望活在一岁孩子的幻想世界里。这也就难怪他们会被激怒了。

权力感及与其相伴而生的愤怒预示着，健康的发展受到了自恋的拦阻。

Why is it
Always
About
YOU?

第 6 章

利用

同理心（共情），即准确地把握另外一个人如何感受，和如何报以同感，这需要我们暂时走出自己，去倾听他人。我们“调低”自己的“音量”，去倾听另一个人正在表达什么。不管我们能否理解对方的感受，我们都会在不评判也不扭曲的前提下，去接纳它们。即便我们认同对方的感受，我们依然还是独立的个体。

虽然我们在与他人共情的时候，并非真的和那个人成为一体，但我们确实缩小了彼此之间的距离。在与他人实现共情之前，我们需要认识到自己是独立的个体。体验到独立自主的“我”是发展中的里程碑，在正常情况下，这通常发生在一岁到三四岁之间，并逐步发展。为了准确地读懂他人，我们必须首先能够从现实的角度看自己，并认识到我们的感受是我们的一部分。

在面对孩子的强烈情绪时，父母的共情能够帮助孩子也发展出共情的品质。通过观察发现，10 到 14 个月大小的孩子，在看到他们的母亲忧虑时，会变得焦躁不安，这或许就是共情的萌芽。到了 18 个月的时候，情绪健康的孩子会变得能够独立地管理自己的压力，并能给予他人安慰。然而，除非孩子形成了独立的自我意识，并拥有忍受某些情绪（包括羞耻感）的能力，否则他们不可能发展出共情。而被绕过的羞耻（羞耻感被自恋者极力压制，以至于它被埋藏到潜意识中）阻碍了共情的发展。没有共情，人就难以控制攻击性冲动。

羞耻感的驱动，加上易怒和高攻击性的行为模式，导致自恋狂永远都无法发展出认同他人，以及识别他人感受和需要的能力。从情绪发展的角度来说，这个人停滞在了一到两岁的年龄。他们不会把其他人看作独立的存在，而是把他人看作自我的附庸——一切要听自己吩咐。加上道德感的缺失，他们在人际关系中往往容易利用他人。

一直在我这里治疗抑郁症的年轻女子梅勒妮，花了好几个月的时间，才鼓起勇气向我透露了一个惊人的家庭秘密。她的母亲，一个退休的职业女性，用梅勒妮的名字申请了数张信用卡，欠下巨额的账单，而且并不打算偿还。梅勒妮身为公务员，收入中等，工资刚刚够自己开销，母亲的大手大脚，使她陷入了还款的泥淖中。我问她，为什么会容忍这种情况的发生。“哦，我不想让我的母亲生气！”她不假思索地回答道。我想，这应该是比大额信用卡债务更糟糕的事情。

巧妙地窃取她的信用卡，只是这个母亲无情地利用她女儿的一种方式而已。一旦这个家庭的收益为零，她还期望梅勒妮变成一个付房租的租客，并帮助她的小女儿支付大学学费。梅勒妮的母亲缺乏对她的关注，甚至并不了解梅勒妮的愿望、需要和处境，真的让人感到很震惊。通过不顾其感受的利用，梅勒妮的母亲已经教会她尽量不考虑自己的价值。不出意料，梅勒妮只有在照顾其他人的时候，才觉得自己有价值，而且她在维护自身权利方面有很大的困难。为了感受到真实，她需要将自己依附在更重要的其他人身上。

利用可以有许多种形式，但总是不考虑他人的感受或利益。通常，他人处于屈从的地位，因而很难甚至无法反抗。有时候，屈从却不是那么显而易见的。这种利用很微妙，就像单方面的友谊一样，一个人给予而另一个人接受，就像自私的恋人或苛刻的老板一样常见，或者像工作中的性侵犯和骚扰一样可怕。它可能涉及欺骗，也可能不涉及，但往往都会包含对现实的扭曲。

杰西是一家大型化工品公司的顶级销售人员。他 40 岁出头，离过婚，上一段婚姻中还育有孩子，他来向我咨询是因为他的女朋友在交往三年里反复离开又反复复合。而这一次，她告诉他，如果他再不去寻求专业帮助，她就会再次且永远地离开他。杰西不想失去她。当她不生气的时候，他们的性生活非常棒，她也会做所有他喜欢吃的食物。此外，他还挤眉弄眼地告诉我，每当他带她去参加公司聚会时，她身着短裙的样子，都会令其他男同事们眼红。

杰西想要知道，作为一名女性，我认为他应该怎么做，才能避免女朋友跟他分手。我问他，他认为他的女朋友想要什么。“哦，”他说，“她想要某种承诺，她希望我搬去和她一起住，向她表明我可以成为一个居家型男人。有朝一日她会想要一个孩子——我想她等不了多久了。至于我，我已经有俩孩子了。我真的不想要这样的生活，你知道的。”然后，我问杰西他所需要的是什么。“我只希望事情就这样保持不变，她别总是没完没了地发火，整天这样，对我而言真是一个拖累。”

从许多方面来看，杰西都是个有魅力的和蔼男人。他的目标非常明确，并且积极向上，他知道如何能玩得高兴。他的身体里没有一块卑鄙的骨头，但同时他对任何人也没有一丁点儿同情。他的心胸非常狭隘——所有事情都必须是围绕他的。当其他人被他缺乏敏感这一点所激怒时，他很少回之以愤怒。这只会让他感到困惑，他努力所做的每一件事都是为了获得成功或保持开心，怎么会有人为此烦恼呢？他表现出了自恋的许多特征，不仅仅是他在人际关系上的利用，还有对这种人格缺陷的无知。

杰西决定让自己和女朋友保持距离，但是只要她还愿意和他上床，他就无法完全切断他们之间的关系。少跟她见面，可以使他适当地逃离她的愤怒，但还是会使他感到焦虑和孤单。他仍然和好几个前女友保持着联系，甚至还和显然对他仍有感觉的前妻发生着性关系。突然之间，他的孩子们变得对他而言非常重要，他向我吹嘘他和他 16 岁女儿的关系是多么亲密。“她像我最好的朋友，”他自豪地说，“我们可以探讨任何事情。”他认为，他和她的母亲保持着亲密关系，或许对她有好处。“她希望我们能够再次成为一家人。”但是，当然了，只有在满足杰西需要的情况下，这种“家的感觉”才会持续下去。

Why is it
Always
About
YOU?

第 7 章

模糊的界限

我们天生就是社会性动物，在成长过程中，我们需要与家人、朋友和社会建立有意义的联结。我们都需要“属于”我们自己之外的某个组织或个人。然而，我们还是一个独特的个体，有个人私密的想法、感受，和一个只属于我们自己的身体。尽管我们并没有打算像生活在孤岛里一样完全沉浸在自己的世界，与其他人隔绝，但是我们从一出生起，就被编制好了程序——要逐步发展成为一个独立自主的人。在自己和他人之间保持合理的界限，不仅会影响到我们如何感知自我，还会影响到我们如何去感受他人，并且在很大程度上会影响到别人如何对待我们。好的界限、认识到彼此之间的独立，会创造出健康的人际关系。

在自我意识的发展过程中，自恋狂深受人格缺陷之苦。这种缺陷导致他们无法认识到人与人之间是有界限的，无法认识到别人是独立存在的，而并非他们自己的附庸。在自恋狂眼中，其他人如果不能满足他们的需求，那还不如根本就不要存在。那些有可能满足他们需求的人，被自恋狂看作自我的一部分，想当然地期待他们达到他的预期。在自恋狂的心里，自己和他人之间不存在任何界限。

自恋狂们如此为人处世的原因，可以追溯到他们幼儿期的经历。照料孩子的人都知道，孩子会经历一个自我中心阶段，那时他们会认为自己非常重要和“所向无敌”。大约在孩子学会走路时，这种情况开始发生，且在正常情况下会持续到两岁。通常，成人之所以会观察到孩子以自我为中心的行为，是因为他们从开始惹人喜爱变得惹人讨厌，但这一阶段具有非常重要的作用。实际上，这个阶段的孩子正在萌生独立于其主要照顾者的自我意识，而且对于自我重要性的夸大感知，可以使他们在不用承受过大的恐惧和疑惑的情况下，去探索世界。

在此之前，孩子在心理上所体验到的自己，是一个与依恋对象（那个对照顾他负最主要责任的人）没有区别的自己。孩子认为这个人很好、很强大，而且自己也是这样的，因为在婴幼儿的心里，他们是一体的。当他开始明白他很小且很无助，那个力量存在于另一个人而不是他自己的身上时，他的一部分自我希望留在这种与强大的照顾者联合的幻想中。如果在他们之间没有界限的话，他就能够继续感受到对那个能够满足他需要的人的控制。

面对孩子的无力感和沮丧，父母需要帮助他们缓解压力，帮助他接受，虽然他独立存在着并且相对弱小，但是那个真正的“他”的存在，本身就是有价值的。如果父母放任孩子继续保持那种“非常重要”或“拥有非常多控制力”的感觉，孩子就会继续停留在其幼稚的幻想里，认为他的权力来自对其强大的父母的控制。当他自己的真实能力和保持独立的信心不断增强时，他产生这种感觉是正常的，反之，他就会从周边的环境里搜寻，找到其他一些人来为他提供所缺少或需要的东西。如果他能够使他们相信他是一个特别的人，他们将会钦佩他，他则能够分享他们的权益。这是一个目的性极强的追寻过程，那些不能够为他所利用的人，将会被抛弃。而那些有利用价值的人，则会像他的父母一样，被他视为自我的附庸而不是独立的个体。

我想起一个来访者的故事。某一天，我的来访者回到家里，发现她的婆婆把客厅里的家具给换掉了。她并没有跟我的来访者商量，就挑选了一个漂亮的新沙发并配上了椅子，同时处理掉了旧家具，作为给她的一个“惊喜”。我的来访者的确被“惊”到了，同时也被吓到了。的确，她是打算要换掉那些旧家具，但是她也期待着去逛逛商店，并自己做选择。“她或许会想要做这件事”的念头，压根就没在她婆婆的脑子里闪现过。她和她丈夫买下了婆婆的旧房子，因此老人家知道怎样装饰客厅会更好看，而且她婆婆还觉得自己是送给了他们一个礼物呢。这对年轻的夫妇也都是在为这个婆婆打工，因此她已经习惯了控制他们的生活。在这个家庭里，存在许多越界的行为。

容忍越界行为的通常是这样一些人，他们像自恋狂一样，都是未能形成完整的独立自我意识的人，这是因为他们在原生家庭所接受的教育就是要容忍他人的侵犯，且没有人帮助他们学会独立自主。而在这种家庭中成长起来的另外一些人，则对于这些侵犯非常敏感，并建造起僵化的界限来防御它们。这些人难以信任他人，也难以在亲密关系中允许亲密行为的存在。对于其他人，他们保持着一种焦虑和疑惧的态度，在某种程度上，他们似乎随时准备应对他人的侵犯。然而有时候，由于缺乏对健康界限的体验，他们对于什么行为算作侵犯感到困惑和不确定。我的来访者面对的就是这种情况。当婆婆换了她的家具时，她知道自己并不开心，但同时，她也因自己不懂感恩而自责。谁不想要漂亮的新家具呢？她劝自己。在我们经过了相当多的探讨之后，她才弄明白为什么感觉那么不舒服。

通常，当自恋狂侵犯他人的人际界限时，他们同样浑然不知——偷读他人的邮件、私人日志或日记；不敲门就推开卫生间或他人卧室关闭的门；擅自乱翻别人的手提包和钱包；任意借用他人的衣服、化妆品和其他财物；偷听别人的谈话；好事地问东问西；

自作主张地对别人指手画脚；偷窃别人的创意；泄露别人的秘密；无视他人的抗拒，强行拥抱、亲吻或进行其他形式的身体接触。我的许多来访者都声称有人指责他们“并不是你想象的那样”或“只有你才那么想”甚至“你就是这样的人”。当与这些越界行为对峙时，自恋狂通常都会很恼怒甚至很困惑——在一个没有围栏的世界，他们为什么就必须得敲门呢？

当一个来寻求心理治疗的人，表现出这七宗罪中的多个或者大多数特征时，这个人有可能会被诊断为自恋型人格障碍，这是一种比较罕见的情况。据美国精神病学会估计，只有大约 1% 的人符合这种严重自恋的所有标准，更多人则会在某些程度上表现出这些特征——这足以引起相当大的烦恼了，这种烦恼如果不是发生在他们身上，就一定是发生在经常与他们有亲密来往的其他人身上。这其中的许多人永远都得不到专业的心理救助，因为他们太难以忍受羞耻了，以至于不能认识到自己的自恋，而更倾向于在感到痛苦的时候去怪罪他人。即使他们来求助，他们也更可能被当作抑郁、焦虑、人际交往困难，或工作上有压力，而不是针对埋藏在其现有问题下面的自恋型人格障碍进行治疗。许多治疗师会跳过或忽略自恋，因为其不适合短期治疗，而就目前而言，负责支付治疗费的保险公司更青睐于短期治疗方法。可悲的是，在这些情况下，治疗通常都不起效，因为人越是自恋，就越顽固，对行为上的改变也就越抗拒。

尽管很少存在一个自恋型人格障碍的人能够同时满足临床诊

断的所有标准——而且我们应该完全避免触发他人羞耻的贴标签行为，大量证据表明，已经达到有害级别的自恋在我们的社会中相当普遍，并且已经存在一段时间了。你可能会在你所遇到的许多人身上（甚至可能在你自己身上）发现这七宗罪。本书的写作目的就是帮助你搞清楚这些经历，并且当有人以逐渐损毁你健康自尊的方式利用你的时候，你能更好地保护自己。然而，在此期间，如果你不得不承认自己身上也存在着某些不健康的自恋，不要感到惊讶。如果在你的原生家庭中，父母中的一方或者双方自恋比较严重，从而导致你在许多方面也有缺陷，这也不足为奇。你可能会像其他自恋狂一样，存在人际关系界限感的缺失，并且对羞耻更为敏感、更容易扭曲事实，以及会爆发更多的无名之火。你可能会感觉到自己容易为有自恋特点的人所吸引，也会比其他人更容易受到他们的影响。然而，你的强项在于，你仍有足够的羞耻感忍耐力去了解这个问题，并且做出改变，从而提升你的生活质量。从第三部分开始，你将会知道如何做到这一点。

但是首先了解一个自恋狂是如何形成的是很重要的，以便你能够准确地了解你所要对付的是什么（或谁）。正如你即将看到的，我们都会在幼年期经过一个正常的自恋阶段，而家庭教养方式决定了我们会在多大程度上，以及通过什么途径，将其延续下去。

Why is it Always About YOU?

THE SEVEN DEADLY SINS OF NARCISSISM

第二部分

自恋源自哪里

Why is it
Always
About
YOU?

第 8 章

幼儿期自恋和“我”的诞生

每个孩子与生俱来都有成为自恋狂的心理倾向。实际上，这正是使得“可怕的两岁”（有时候是三岁）如此可怕的原因之一。因为所有的孩子都会经过这样一个时期，那时自大和全能是他们惯常的思维方式，当其某个幼稚的愿望受挫时，伴随这种思维方式的对权力感的维护就会引发愤怒。在这一阶段刚开始时，羞耻并不是主导情绪，但是在早期情绪发展完成之前，羞耻将会成为孩子需要去对付的头号对手。孩子在多大程度上学会管理羞耻感，将最终决定他是否会成为一个自恋狂。这都始于如下这个任务：形成一个区别于其照顾者的、健康的自我意识，心理学家称之为“分离-个体化”。这一概念是指在自我和他人之间建立界限，区分“我”和“你”的能力。正如我们将在最后一章看到的，自恋狂如此缺乏清晰的界限，但是实际上，我们都是从这样开始的。

原发型与继发型自恋

大约一个世纪以前，当西格蒙德·弗洛伊德将婴儿最初的“自体享乐”（自爱的）状态描述为“原发型自恋”的一种时，他想说明，婴幼儿的所有“力比多”或生命力，都聚焦于其自身和他自己的需要。他推断，在生命最初的那些日子里，有一个“刺激屏障”，在保卫着婴儿不成熟的神经系统，使之免受感官信息超载的伤害。他认为，在自己的保护茧里，婴儿在情绪上是自给自足的，就这点而言，其对于自我和他人均没有任何概念。

幸运的是，心理学研究告诉我们，新生儿是多么智慧且有能力，这使得我们不再以这种方式去看待他们。如今，我们知道，即便是非常小的婴儿，也需要一定程度的环境刺激，以便形成和检验他们关于“人际世界”的某些假设。然而，尽管经历了后人的演绎和修正，弗洛伊德关于自恋的观点仍然成为了我们理解孩子心理发展、童年早期自我诞生的基础。

弗洛伊德认为，婴儿在大约两个月时哭闹增多，意味着“刺激屏障”正在被毁掉，而外在世界正在以一种令人不快的方式涌入。弗洛伊德描写了一个狂躁的婴儿，这个婴儿不能再维持自己自给自足的快乐了，而这种情况迫使他认识到，他需要来自其保护茧之外的安慰。然而，婴儿对于“他人”概念的认识不会早于其自我意识的产生，从“自恋狂”的角度来看，令其感到安慰的乳房、怀抱、表情以及主要照顾者的声音，就是其最初的“我”的一部分。这时的“我”就好比在同一个壳包裹之下的一颗双黄蛋。

弗洛伊德认为，认识到自己正在被别人照顾着，标志着个体从最初的自体享乐状态发展出了对他人最初的爱，此时孩子仍然是自己宇宙的“中心”。弗洛伊德认为，这种正常的“原发型”自恋将在生命的最初五年中持续存在。接下来则是“继发型”自恋阶段，在这个阶段，孩子关于自己全能感的幻想，与其对父母或主要照顾者的夸大感知有关。当孩子开始探索周围的环境时，通过认同强大的父母，他也会觉得自己无所不能。

想象一下，一岁大的孩子会有这样一个时刻——刚刚学会走路，一摇一摆地四处探险。这个世界充满了危险，但是在这个阶段，安全型依恋的孩子会无所畏惧。他充满了探索新事物的强烈愿望，似乎根本没有注意到他是那么弱小，而周围的事物很庞大且具有潜在的威胁。我曾经观察过一个步履蹒跚的小家伙，在一大群等待颁奖典礼的人前面，挣脱了她的妈妈，走到空无一人的舞池里去。所有的眼睛都注视着她，她环视了一下周围那一大圈微笑的脸庞，然后在人群的哄笑中，她开始随着音乐转圈圈。她的妈妈窘迫地站在观众席上，不知所措。最后，这位妈妈连哄带骗，才说服这个小演员把场地让给即将开始的典礼。一个明星诞生了？或许吧，但是在幼儿期，这种膨胀的自信是正常的，说明在这个孩子的内心里，存在着一种夸张的自我意识，而与这种夸张的自我意识有关的，则是其对主要照顾者（甚至当这个人暂时在其视野之外时）的同样夸大的感知。如果你觉得这看起来像成年自恋狂异想天开的一个低配版本，实际上它就是如此。但是在学步期，继发型自恋还属于一个正常的过渡期，当健康的孩子做好足够的心理准备而能够将自恋舍弃时，他就会对其放手。要对这种自恋的局面放手，孩子需要做的准备就是逐步发展其真实能力，从而不再依靠夸大的幻想来维持其效能感和自尊。

“我”的诞生

我们从一出生起，就具备了很多素质，但这些素质并非心理学家所谓的“自我”。这些素质包括对于饥饿和寒冷、疼痛和舒适的感觉，对于光和噪音的知觉，尤其是嗅觉，还有觅食的本能，和面临压力时大声喊叫的冲动。我们每一个人都具有某种与生俱来的独特天赋，也就是所谓的气质，但是我们从母体中带来的所有这些原材料都未能构成自我。我们还必须等待第二次心理上的诞生，即每一个人都会经历的关于“我”的诞生。

像身体和智力一样，自我也会以一种连续的方式逐渐发展。一开始，亲人的一个眼神，对于我们的生存而言，都是如此强有力和举足轻重，以至于我们确信发出这个眼神的面孔，从某种意义上来讲，就是我们的某一个部分。最初的尚未发育好的“我”，就好像弗洛伊德所说的鸟蛋，包括了某一个特定的“他人”，在每一件重要的事情上，我们都依赖着这个人。她（通常如此）是那么重要、那么强大，以至于我们通常需要经过数月的时间之后，才能够充分认识到她根本不是“我”，而是颇为不同的另一个人。在此期间，我们因她的强大而强大。

大约在两个月到四个月大的时候，婴儿开始能够认出那个给他喂食、使他感到平静和舒适的特定的照顾者。只有在这个人出现的时候，他那“优待的微笑”才会露出来，人们认为，这就是所谓的“共生”这一心理状态的开始。共生在我们理解自恋如何发展的问题上，是一个很重要的概念。共生意味着婴儿的自我意识是与照顾他的“他人”（我们称其为“妈妈”）融为一体的，而世界的其他部分则几乎可以忽略不计。妈妈和孩子处于他们自己私密的乐园中。

然而，在几个月之后，我们的婴儿开始从这个共生的“蛋”中孵化出来，并开始审视其他人，同时会注意到他们和“妈妈”是不一样的。如果其他人抱着他，他会很严肃认真地观察那个人，并且可能去尝试抓那个人的眼睛、头发、鼻子、嘴巴、眼镜或首饰，如果妈妈在场的话，他还会看一眼妈妈，进行初步的比对。他已经理解了差异的概念；现在，他只是不得不弄清楚一点，即妈妈是他们当中的一员，而不是“我”的一部分。这是随后将会发生的事情。

到了七至十个月大的时候，我们的小家伙开始能够离开妈妈的身边，爬来爬去、爬上爬下，并能够利用妈妈的支撑站起来。尽管妈妈仍然是他的挚爱，但他的眼神已开始漂向了那个有待探索的浩大世界。独立的行动能力让他能够与妈妈保持一定的物理距离，从这个距离看去，妈妈是一个独立的存在，但是从心理角度讲，他现在还是把妈妈看作自我的一部分，在他的意识里，妈妈还不是一个完全独立的人。

直到 10 至 12 个月大开始走路时，孩子仍然揣着这种“融为一体的”的自我意识。紧接着是一个感情非常丰富的阶段，一直持续到 16 到 18 个月大。在这个阶段，磕碰、跌落，以及其他挫折似乎都难不倒我们强壮的小小探险家，他去离妈妈更远的地方探险，全身心投入其中，甚至常常忘记妈妈的存在。然后，突然间他好像用尽了自己所有的能量，于是返回妈妈身边“重新添加燃料”。如果这时候没找到妈妈，他全部的行为举止就会发生变化——他会慢下来，对周围的一切失去兴趣，看起来几乎有些沮丧。善于分析的观察者是这么描述这个现象的：孩子转向自己的内心，似乎要试着从他自身内部找出一个妈妈的形象。这时，如果有其他人替代妈妈来安抚孩子，孩子可能会突然大哭，表示抗议。只有在和妈妈“重聚”后，他才能满腔热情地继续他快乐的探索。妈妈仍然是那个独一无二的存在，他仍然需要有妈妈才能树立信心。

孩子在这个阶段（我们称之为“实践”阶段）初期开始学习走路，但是还不能独立管理各种感受。因为有妈妈的存在，因为心理上与妈妈的联合仍然主导着他的内心世界，这让他能够应对发现

“新大陆”后的强烈喜悦和激动，也让他能够应付由认识到自我渺小而脆弱产生的挫败感。分离重逢后，妈妈对他的情绪给予的共情反应，对于其正在发育的大脑具有深远的影响。

有关婴儿大脑的研究表明，大脑中掌管情绪的区域经过 10 到 12 个月和 16 到 18 个月（也就是“实践”阶段的起点和终点），这两个关键期的发展就基本成型了，并且终生不变。事实上，孩子正在“实践”的是如何管理自己的情感，这个能力对于独立自我（即一个自主的“我”）的感知来说是至关重要的。对此敏感的妈妈会使自己与孩子的情绪“同频”，同时帮助蹒跚的孩子缓解过度的紧张或忧虑，但她也知道适当让孩子承担一些压力，有助于培养他们的情绪忍耐力。

在度过 10 到 18 个月这一阶段后，孩子与妈妈的关系发生了明显的变化。如果妈妈在共生阶段与孩子的相处充满足够的喜悦和兴趣，孩子就会到达这样的发展阶段，即能够兴高采烈地离开妈妈去更远处玩耍。大概 10 个月大的时候，孩子醒着的时间更多了，而且玩耍的时间也更多了——每天多达六个小时。起初，妈妈更像一个玩伴和照顾者的结合体，但随后的六个多月，她变成了一个会说“不可以、不行”的人，当她看到一些“禁止性行为”时，会让孩子体验到社会化过程中被泼冷水的经历。孩子开始从共生阶段初期的兴高采烈、洋洋得意变得低迷沮丧，甚至变得有些“抑郁”。然而，这种“低迷”很正常，而且有很重要的作用——它能够促进负责提供能量和抑制情绪的脑区发育。通过摆脱这种低落状态，孩子能够学会如何不借助外力来缓解不愉快的感受。每获得一项新技能，孩子在心理上的独立自主，就往前迈了一步。

为了使孩子能与他人和谐共处，要通过社会化来约束其不良行为，这其中包括很多能给他们带来快感的行为。要说服孩子放弃这些快乐，就需要启动羞耻感这种强烈的情绪了。在此之前，孩子早已认定自己与妈妈是个完美的整体，这种幻觉遭遇否定是孩子第一次体验羞耻感。孩子那可爱的小脸上会面露羞愧，喜悦、兴高采烈的感觉瞬间就消失了。孩子感受到的是来自妈妈的打击和伤害，而不是认同和鼓励。然而，这种受伤是必要的、有建设性的，它告诉孩子妈妈不仅是独立的，而且是有别于自己的，自己在这个世界上也不会永远都占据山巅的位置。不过，这种伤害必须要来得温柔些。

对一岁的孩子而言，羞耻感是个沉重的负担，他必须依靠一位敏感、负责，并且情感上亲密的照顾者来安抚。他需要慈爱的眼神、温柔的抚摸与和善的语言，这些通常可以从妈妈或其他照顾者那里获得。从兴高采烈到满心羞愧，然后再复原，孩子在此过程中正积极地学习管理羞耻感，这也是孩子发展出一个健康自我意识的基石。孩子发现受伤的情感是可以被修复的，他还是有办法的，并且他的照顾者是可以信任的。相反，如果没能学会这一点，孩子会觉得自己的需求和感受是可耻的、不可接受的，自己是个坏孩子。在情感上，幼年的孩子在管理情绪时需要充满同情心的帮助，当势不可挡的负面情绪袭来，需要有人保护他，直到自己心理成熟到可以独自应对时。

从好的方面讲，羞耻感可以防止先天的自我中心在实践阶段无限制发展，让孩子能够更加自如地与其他人互动。孩子们需要知道自己是独一无二、非常重要的，但同时他们也要明白自己并没有比其他人，尤其是父母，更独特更重要。孩子觉得自己跟神奇而强大的妈妈是一个整体，所以他们发展出了一种自大和全能的感觉，照顾者就是要在不羞辱和击垮孩子的前提下，帮助孩子从这种状态中走出来，去感知一个更有现实基础的自我。轻度的羞耻感和与之相伴的安抚，可以帮助孩子将自大感转化成更加现实的自我认知。为了孩子的情感发展，父母和照顾者必须要能忍受引入这种压力。有时候，父母和孩子一样难以接受这一点。

大约在孩子 18 个月大，实践阶段接近尾声时，孩子和妈妈再也不能以共生的“我们”去愉快地相处了。妈妈是个全能者的幻想逐渐消退，孩子开始意识到他自己是有异于妈妈的，妈妈还会对他以外的人和事物感兴趣。曾经他可以自信地去探索世界，但是现在不可以了，这导致他也产生了情绪上的失调。到了三岁左右的时候，一度朝气蓬勃的孩子更加明显地意识到自己在现实中的渺小，开始特别在意妈妈在哪儿，妈妈一旦离开，他就会非常焦虑。妈妈在眼前时，他就要求妈妈同他分享一切，因此这个分离-个体化过程的最后阶段，就得到了“rapprochement”（法语，意为亲近或恢复关系）这个名称。

相比蹒跚学步时期，18 个月到 36 个月大的“恢复关系”阶段的孩子获得了更多的实际能力，但是胆子明显变小了，因为无论是他自大和全能感的幻觉，还是妈妈和他融为一体的幻觉，都无法再继续保持下去了。他的情绪和行为会出现充满矛盾的迹象——时不时地靠近妈妈，与她分享他的世界，重新获取共生的快乐，然后又会生气地离开，维护自己的独立。这个年龄段的孩子越来越意识到自己在世界中所处的真实位置，越来越发现自己失去了对那个强大而仁慈的妈妈的控制——她就像他的脸和双手一样，曾经就是他的一部分，但是现在不是了。所以这个阶段的孩子会愤怒、会发脾气，以此来表达对这一事实的不满。

当这个在依恋和反抗之间戏剧性切换、充满挑战的阶段快结束时，健康儿童真实的自我意识开始浮现，并且他们会欣赏他人的自主性，孩子一般在四岁之前发育到这一步。当个体化出现，我们就认为孩子现在已经拥有了完整而独立的自我意识。

下面这个例子讲的是，对于“恢复关系”阶段的挑战，一个能够共情的妈妈是如何处理的。

Why is it Always About YOU? 艾米丽：在一个平静的地方长大

27 个月大的艾米丽午睡刚醒，发现家里有个陌生人。她睡觉时，妈妈在招待一位客人吃饭，她能够听到一个陌生的声音，从她紧闭着的屋门对面那个房间传出来。她在床上喊妈妈，妈妈马上做出了回应。妈妈感觉她还没有完全睡醒，柔声告诉她：“我们家有客人来了，你愿意来见一见塞尔维吗？”

与妈妈再次短暂地亲密接触后，她们俩从卧室出来，艾米丽将长着棕色卷发的头埋在妈妈的脖子里，紧紧抱住妈妈。“她不喜欢穿衣服。”妈妈随便与客人聊着，顺便解释了女儿为什么没穿衣服。她俩在桌边坐下来，仍然紧紧搂在一起，妈妈轻轻抚摸着艾米丽，继续大人间的谈话。

过了一小会儿，艾米丽转过头警惕地观察着来客。妈妈允许她加入进来，并给了她一些吃的和喝的。谈话内容把艾米丽也加了进来，她通过与妈妈对话开始渐渐融入。她时不时地探向妈妈的衣服，摸摸妈妈的胸。“我们刚过断奶期。”妈妈向客人解释道，有时她会忽视孩子的手，有时只是把它挪开，将艾米丽的注意力转移到其他地方。妈妈并没表现出反感，没有试图羞辱女儿，也没有传递“你已经是个大姑娘了”之类的信息。

这时艾米丽已经彻底醒了，在客人面前已经完全放松，但很明显对于有人跟她分享妈妈的注意力她很不开心。“不许再说话了。”她告诉两个大人，她们中断谈话，把注意力放到她身上，然后重新开始聊天，并试着让艾米丽也加入进来。但加入谈话并不是她想要的，“不许再聊了。”艾米丽重复着，但她们没有听她的。

所以艾米丽开始玩弄食物，而且即使妈妈已经警告过她，她还是悄悄吞下了樱桃核，以示抗议。“不要把食物扔到地上，”妈妈再次提醒艾米丽，但仍然没有表现出生气或羞恼，“艾米丽，不要吞樱桃核，你知道为什么吗，因为你可能呛着。”妈妈继续与客人聊天，同时把艾米丽抱在膝盖上，与她保持着身体和口头上的互动。艾米丽不再玩弄食物，并且开始把那些樱桃核吐出来。“来，我的小女朋友，你想不想带塞维尔参观一下你的房间？”

她果然带客人去参观房间了，还给客人看了爸爸（她们聊天的主要话题人物）的照片。在房间里，艾米丽展示了更多的照片、玩具，并满心欢喜地让客人看了自己在镜子里的样子。然后，作为对观众的回馈，她又表演了坐在小坐便器上撒尿。“哦，不错，”妈妈说道，为了不打击艾米丽的成就感，“你愿意把它倒进卫生间吗？”艾米丽不仅倒掉了它，还把它冲掉了。“艾米丽，你真棒！”妈妈如实地夸赞道。

这位妈妈的教养方式之所以给人留下深刻的印象，是因为她很从容地接受了孩子成长中所处的具体阶段，能够很自然地从养育和安抚的角色，切换到友善的教育（社会化）角色，然后再切换到玩伴角色，如此往复。对这个两岁的小女孩来说，她早过了婴儿期，但是她还没有完全准备好放弃婴儿期的快乐。请注意艾米丽对妈妈身体的占有欲、对陌生人忧郁的观察和慢热，以及她努力想控制妈妈和环境的意图；另外请注意，她的妈妈自始至终同频的反应是如何平息这场权力之争的。妈妈非常尊重艾米丽初露端倪的自主意识，她对于自己手中握有的帮助孩子社会化的这张牌，既没有过度使用，也没有弃之不用。再来看看结果，艾米丽正平稳地走在形成健康和独立自我意识的道路上。

孩子出生后的最初两到三年是自恋的年龄，这时孩子的自我意识尚未发育完全，也还没意识到他人的独立性，这些都是很正常的。自大、全能感、异想天开、对羞耻感很敏感，以及缺乏对人际界限的认识，都是这个阶段的特点。我们需要父母的帮助（爱与包容）来尽快度过这个阶段。我们需要他们帮助我们认清和他人之间的界限，以及了解我们的现实自我和理想自我；帮助我们管理羞耻感并克制愤怒，并且教会我们学会与这个世界和谐相处。如果没有这些，我们就会被困在儿时的自恋期。一个人如果未能完成分离-个体化这个过程，就会形成自恋的人格。

在下一章，我们将会看到一种特殊类型的父母，他们不能协助孩子度过这个阶段。如果父母本身就深受严重的自恋之苦，结果是可以预见的。有些孩子会成为自恋狂父母的复制品，而另外一些孩子则会不可思议地陷入各种需要其牺牲自我的关系中，毕竟那是他们从小就熟悉的行为方式。

Why is it
Always
About
YOU?

第 9 章

自恋狂父母

仔细想想就会发现，引导孩子冲出分离–个体化过程中自恋的暗礁是一项艰巨的任务。你一定要透过现象看本质，从表面上来看，孩子以自我为中心、情绪波动大、爱发脾气，而且会反抗正竭力陪伴他们的父母，实际上，这正是形成健康独立的自我意识的重要阶段。这项任务要求父母和照顾者必须有耐心、同情心，而且有清晰的界限感。要出色地完成这项任务，父母和照顾者需要对自己和孩子都有现实的认识，能够控制住自己攻击性的冲动，最重要的是，不要利用孩子来满足自己的需求。总之，孩子必须经由自己顺利地来完成分离–个体化的过程。但如果他们没有完成呢？

自恋狂妈妈

爸爸虽然重要，但往往只是扮演辅助角色，考虑到人们常说生命的前奏曲就是妈妈与孩子的二重奏，因此相比爸爸，关于自恋狂妈妈的研究要多得多。一些专家相信，多数孩子后期出现的问题，都源于独立自我形成时期的不幸，他们认为妈妈有很大的影响力，所以要承担主要责任。但是，在当今世界，对孩子早期心理发展产生重要影响的人，也有可能是爸爸，同性别的父母、养父母、祖父母这样的亲人，保姆或日托中心里陪伴幼儿最多的那个人。妈妈们不再天然拥有这个角色。

也就是说，我们必须认识到，如果照看孩子的妈妈是个自恋狂，就会不可避免威胁到这个共生过程，因为她不能以正常的方式与孩子相处。这种妈妈尽管竭尽全力，但仍然无法与孩子形成健康的依恋关系。她会不由自主地陷入基于自恋而产生的母性，她所幻想出的自己作为养育者的形象可能非常理想化，或许她渴望通过怀孕、生产以及哺乳来完善自己。她在这一女性原始角色中的形象，激发了她的自大感，并放大了她的权力感。甚至在怀孕前，她幻想中的那个孩子就已经是她自我的一部分了，她可以利用孩子让自己感觉更特别，让别人都来羡慕她。

当然，为了衬托自己作为生命给予者和养育者的完美形象，自恋狂妈妈要求孩子必须是“完美”的。如果在现实中，孩子在哪些方面令她失望了——比如说，长相、性别或是其他不足——她就会觉得自己也是有缺陷的，进而产生羞耻感和愤怒。但通过幻想出一个更加讨人喜欢、其所热切期盼的孩子，她掩藏起自己那些令人厌恶的感觉，只保留别人对自己的羡慕。对于自恋狂妈妈而言，不管她感觉自己的孩子完不完美，与其说她与现实中的孩子彼此依恋，还不如说她是在与梦中幻想的孩子彼此依恋。

有些准妈妈的自恋特征在孕期就非常明显了，她们极度关注自己的外貌和身体舒适度。身体变化带来的苦恼，以及对阵痛和分娩的恐惧，使得她们期望别人来迎合她们。有些妈妈会沉醉于自己拥有一个完美的孕期或即将变成一个完美的妈妈。另外一些自恋狂准妈妈可能会过度专注于她自己的享乐而忽视了产前护理，或是热衷于参加一些危险的活动，比如吸毒、酗酒，或其他可能危及胎儿的行为。自恋狂妈妈可能对于迎接孩子的到来丝毫不做准备，也有可能完全相反，她们可能无视自己的经济状况，所有物品都要买最好的；或者她们期待得到更多亲戚朋友的祝福和礼物；或者比起迎接孩子的降临，她们对装饰儿童房或凑齐整套儿童服更感兴趣。就怀孕本身而言，自恋狂准妈妈有可能会从中抽离出来，也有可能会投入过多的精力，但无论是哪种情况，她关注的都是自己的感受，而不是腹中的宝宝。

当孩子出生后，自恋狂妈妈会变得很抑郁，因为新生儿的需求太多了，她腾不出时间来满足自己那些浮夸的幻想。婴儿此时所需的无私母爱，对她来说难以承受，所以她要给自己寻求出路。她可能会毫不犹豫地接受别人的帮助，让他人去承担部分或全部责任，如果她有喜欢的事业或工作，她可能会迫不及待地提前返回到工作中去。如果无处可逃，只要旁边没人看着，她可能就会在照顾孩子时像走过场一样地漠不关心或粗心大意。在头几个月的艰难时光里，孩子还不能满足她的自恋，她可能会疏忽大意或者表现得过度焦虑，也可能表现出极度情绪化的冷静和呆板，似乎孩子只是个洋娃娃。对于孩子的表现她所给出的评价也很不真实，比如："他一直哭一直哭，简直要把我逼疯！"这可以反映出她为人母的体验。

几个月后，到了孩子可以进入共生关系的时候，有些自恋狂妈妈已经找到其他人来接替她作为主要的照顾者了。那些坚持下来的妈妈对将要发生的事情会特别开心。"优待的微笑"是对她们努力的回馈，她们至少会暂时性地再一次感到自己的特别。由于自恋狂妈妈根本认识不到自己和他人间的分界线，而且事实上，她们宁愿他人与自己紧密地融为一体，所以她们特别享受共生阶段。孩子会充满爱意地望着她们，关注她们的一举一动，并对她们的爱抚和声音表示欢喜，她们会以同样的方式回应孩子。或许从没有人让她们感觉自己如此重要、如此特别，从没有人这么完完全全地属于她们，从没有人……自很久很久以前就不曾有过。她们内心深处的那根弦被触动了，幼年时期的快乐时光被唤起……这个阶段，孩子在心理上完全与她们融为一体，她们满脑子都是孩子，根本无暇顾及他人。

唉，可是孩子很快就会背叛这个充满快乐的联盟。他注定要长大，去他们私人乐园之外的世界里寻找机遇。当她们看到孩子开始对别人做出回应，并将注意力放在跟她们毫无关系的地方时，她们会充满愤恨或害怕失去孩子。她们会想方设法限制孩子自立的机会，或通过施加过多的羞耻感来控制孩子。如果孩子的行为正符合她们自私的期待，她们就会给予孩子奖励，通过这种方式来操控孩子，强化孩子在这个阶段与生俱来的狂妄自大，导致孩子很难形成客观的自我概念。

还记得艾米丽吗？上一章提到的那个睡醒后发现家里有客人的两岁小女孩。她的妈妈对分离-个体化阶段后期的一些挑战所做出的恰当反应是移情养育的典范。同样的情景到了自恋狂妈妈手里，会是完全不同的景象。自恋狂妈妈会把孩子的自我中心放在聚光灯下，从而强化孩子的自大感，同时就像表演舞台剧一样，在客人面前展示其作为妈妈宽宏大量的养育方式。在这种情境里，妈妈所展示的关注型母爱，不过是想表现她自己有多么了不起。

自恋狂妈妈的另一个特点是易怒，当她难得有机会跟别人聊会儿天却被刚醒的孩子打断时，她无法控制自己的愤怒。她可能会选择忽略孩子，直到孩子的哭声太大让她难以忍受，或者她会试着让孩子做点儿在她看来没那么烦人的事情，而这个年龄段的孩子往往很难做到。孩子尝试吸引妈妈注意力的行为很可能会让她非常生气，让她充满羞耻感，所以她便勒令孩子要成熟一点。这时权力斗争开始了，愤怒的小孩会想证明他有能力破坏一个原本很美好的下午。有的自恋狂妈妈无法觉察孩子的真正需求，反而利用孩子为她自恋的气球充气，而有的自恋狂妈妈会很粗暴地让孩子社会化，完全不考虑孩子在这个年龄段的合理需求和行为。

在与孩子形成共生关系后，当孩子在 10 到 30 个月大，处于实践和恢复关系阶段时，自恋狂妈妈开始膨胀孩子的自恋，从而制造出一个未来的自恋狂。如果她因为孩子取悦了自己，就对孩子本能的自大予以奖励；或者如果她不能温柔地促使孩子形成更加客观的自我形象，分离–个体化的过程就中止了。她不能帮助孩子更现实地看待自己，反而鼓励他要像她自己那样依靠幻想一个与众不同的、强大的自我来建立自尊。就像妈妈是孩子的一部分一样，孩子也成了妈妈的一部分，被困在自恋的状态不能自拔。

自恋狂妈妈无法容忍羞耻感，当孩子的行为频繁让其非常不满时，自恋狂妈妈经受不住分离–个体化过程中必然会有的风暴。当孩子公然违背她的意愿或在公共场合让她尴尬时，她会发怒、责骂，会反应过度，她会把孩子的不足公之于众，以抵消自己的羞耻感，所以她没有能力帮助孩子克服这种成长中的障碍。而这一阶段的孩子对于妈妈的敌意极其敏感，由于妈妈从未示范过共情和控制冲动的能力，因此孩子也无法学会这些。不具备管理羞耻感、产生同情心，或控制冲动的能力的孩子，很有可能变成一个自恋狂。正所谓，有其母必有其子。

自恋狂爸爸

传统上，在孩子的幼年时期，都是妈妈在承担主要的照顾任务，所以在通常情况下，妈妈的自恋对孩子自我意识的直接影响最大。但如果孩子是与爸爸形成的共生依恋关系，即爸爸是主要照顾者，那么爸爸的自恋对孩子的影响丝毫不亚于自恋狂妈妈，原因类似。

即使在传统家庭里，在孩子成长最初的两年里，爸爸的自恋也会间接地影响孩子，这取决于他怎样对待孩子的妈妈。孩子的需求把妈妈的体力和情绪消磨殆尽，此时，一个能帮得上忙的伴侣是非常重要的力量源泉。如果爸爸过于自私，不能鼓励妈妈，她可能会转向孩子去寻求情绪上的满足，这样就可能使得她与孩子过于亲近，从而妨碍到孩子的分离-个体化发展。一个自私的父亲和一个依赖性很强的母亲往往使得孩子一生都与妈妈以糟糕的方式捆绑在一起。

在孩子完全独立之前，他同样需要爸爸的帮助才能完成与妈妈在心理上的分离。不同于共生阶段遗留下来的自我与妈妈之间的种种纠缠，爸爸代表着外面的精彩世界，但如果爸爸对自己的孩子不感兴趣或是没有办法关注孩子，那么通往独立自主的关键桥梁就断了。但并不是所有的自恋狂爸爸都远离孩子或不参与孩子的养育。有些自恋狂爸爸会对孩子的成长感兴趣，这是一个满足他们自身权力欲或获得仰慕的机会。

虽然同为关注“自己”，自恋狂爸爸却可以划分为两种截然不同的类型。其中一种是，起初他可能并无意成为人父，他感觉自己被那个怀着他孩子的女人给算计了。随着女人身型的逐渐改变，他开始厌恶她，如果她变得在肉体和精神上不能满足他的欲望了，他就开始感到被抛弃、权力被剥夺，而且很妒忌那个胎儿。他将掩藏在这些情感之下的羞耻感归罪于她和她的身体，并用刻薄的言辞或恶毒的玩笑，来表达他的愤怒。在极端的情况下，他可能会在身体上攻击她。

而另外一种自恋狂男人会非常期待做爸爸，希望借此控制他的伴侣或制造一个自己的复制品。这种男人不切实际的幻想集中在未来——届时他的影响力和重要性将会扩大，因为他可以控制那些依赖他的人，把他们打造成能够满足他需求的人。他可能会理想化自己的伴侣，或者冷落她，但他会抓住做父亲的机会，在很长一段时间内使自己获得满足。

一方面，自恋狂爸爸可能从一开始就退缩了，他忙于自己的事情，很吝啬自己的时间和个人资源。他不会为将为人父而做充足的财务准备，反而会抱怨不得不抚养孩子。他可能根本不关心孩子妈妈的健康和经济状况，而只是在满足自己需求时才与她互动。他太忙了，所以没时间参加产前培训或陪伴妻子分娩，他可能会放弃大部分或全部为人父所需要承担的责任，因为这些限制了他的自由。这种男人认为换尿布和凌晨三点钟喂奶并不是自己的职责，他付出的够多了，有资格不去适应父亲这个新角色。如果孩子的妈妈不能满足他对性或情感的需求，他就有理由另寻满足。他偶尔也会跟孩子接触一下，看看有什么事需要他做，但往往没什么能引起他的兴趣。

另一方面，想要利用父权来自我满足的爸爸，也就是控制欲更强的自恋狂爸爸，根本不懂退出。他徘徊在母子周围，想办法成为焦点。他的高度紧张表明他感到焦虑——亲子关系是属于母子二人的，没他什么事。如果在孩子出生前，他的占有欲和需求就很强烈的话，这时他很可能会感觉自己被孤立了。那个女人对孩子的关注越来越多，对他的关注越来越少。他会生闷气或变本加厉，试图与孩子竞争。他也可能与妈妈争夺孩子，利用玩具或小游戏把孩子从妈妈身边吸引过来。而通常，这些举动都超出了孩子的发展水平，暴露了爸爸不能共情，不能正确认识孩子的能力水平。他也可能存在其他不切实际的期望，比如他会问："为什么看到我回来，他没表现出开心的样子？"

从孩子一出生，爸爸就是非常重要的，而且如果爸爸能密切参与到日常照顾中来，他就能够像妈妈那样、并且以其男性化的方式，与孩子建立起亲密关系。但是在形成独立的自我意识方面，孩子只能与一个人产生共生关系，这个人通常是妈妈。尽管会有几个月爸爸可能觉得自己是个局外人，但他在分离-个体化的过程中的确也发挥了一定的作用，而且他的作用并不比妈妈小。就像幼年时期的自恋一样，人们认为共生阶段是个过渡阶段，爸爸的作用就是把握时机向孩子展示孩子与妈妈的私人乐园之外的世界。当孩子在心理上做好准备后，就会有新的诱惑让孩子去冒险，这时推动孩子去冒险的已经不再是婴儿期那种自大的、充满全能感的幻想了，而是对自己实实在在拥有掌控能力的预期。这个阶段孩子的能力日渐增长，已经准备好离开妈妈这艘大船，爸爸则是那个邀请孩子去试水的人，并与妈妈一块指导他，让他学会自己游泳。

如果爸爸是个自恋狂，那么很不幸，这个过程就被破坏了。孩子在分离-个体化的早期阶段能积极响应爸爸的刺激性互动，因此自恋狂爸爸亲身体验了一把妈妈所拥有的共生关系。他突然成为孩子的“最爱”了，这激发了爸爸强烈的占有欲，因此，他开始与妈妈争夺孩子。如果爸爸继续这么干，父母二人之间的、父母与孩子三人之间的权力斗争将会变得更加戏剧化，孩子将会很难把自己婴儿期的自大感与现实统一起来。但只要孩子还能与他的幻想产生共鸣，自恋狂爸爸就不会在意，当孩子越来越多地反抗妈妈要求自立时，他会为孩子这种萌芽状态的努力感到特别高兴。除非孩子的自我主义已妨害到他的自恋，否则他不会去限制孩子，也不愿意纠正孩子的行为。而一旦妨碍到自己，他可能变得异常苛刻、控制欲极强、非常刻薄，并且对孩子的“坏行为”感到过度羞愧。当他这么对待孩子时，他认为自己是在行使父母的特权。

有一点非常重要，必须加以说明：所有刚生完孩子的父母都会因为养育孩子需要投入太多精力而时常感到筋疲力尽、火冒三丈、不堪重负、不知所措。面对孩子，他们会产生一些愧疚和遗憾，但这并不能说明他们就是自恋狂。世界上没有完美的父母，认为存在完美的父母这一想法本身就是一种自恋狂的妄想。然而确实存在自恋狂父母，他们不能与孩子产生共情，或者由于自己先入为主的想法，他们不能对孩子的真正需求予以恰当回应。这种父母有个共同的特质，就是支配其行为的自大感和权力感。由于他们需要一个完美的自己，需要把孩子理想化，也需要通过孩子让自己更加理想化，所以他们不顾一切地否认现实。他们把不切实际的期待强加于孩子身上，只有当孩子顺应了这些期待时他们才会变得温柔。他们整天挂在嘴上的就是："我想让他怎样，他就得怎样。"

父母教养孩子——尤其是幼儿期孩子——的关键在于，一方面根据身心发展规律培养孩子的行为，另一方面帮助孩子按照他自己的步伐前进。如果这时候做得不好，不仅会阻碍孩子的分离-个体化过程，也会导致孩子形成一个错误的自我。

"假成熟"的孩子

"假成熟"的孩子，是指那些看起来好像跳过了童年阶段的孩子。如果你能穿越时空，回到这些孩子两三岁的时候去观察他们，你就会看到一个个"小男人"或一个个"小女人"——为了适应父母的自恋狂癖好，他们基本上是自己把自己抚养长大的，同时还要尽力去满足父母那些几乎不可能达到的要求。

研究表示，这种孩子的妈妈即使在孩子很小的时候也不允许他们"表现得像个孩子一样"，而是逼迫他们表现得像个"大人"。他们的妈妈只愿意与他们说话，而不愿意与他们拥抱爱抚，并对他们的愤怒表现得十分厌恶。这些孩子的妈妈认为，当需要把孩子交给别人看管时，孩子应该乖乖听话而不是哭闹，她们认为孩子连愤怒、羞耻、无助的感觉都不应该有，更别说表现出来了，虽然这些对孩子来说都很正常。

通常情况下，从小遭受这种待遇，而无法学会管理羞耻、愤怒、攻击性的孩子，一方面他们会变得特别讨大人喜欢，另一方面他们的感情也会变得更加脆弱。对赞赏的渴望使得他们很善于捕捉聚光灯，在任何竞赛中他们都必须是“最棒的”，必须取得控制权，必须赢。他们过早地实现了自我满足，善于避开挫折，但是当达不到目标时，他们就会崩溃、歇斯底里、暗暗啜泣，甚至会猛烈地攻击他人。他们讨厌别人的帮助，尤其讨厌他们本打算收编旗下当小弟的其他小孩的帮助。他们认为自己这么可爱，怎么可以被别人说成“被宠坏了的小孩”，但是他们有许多未了的幼儿自恋情结，因而拼命想要掌控一切以维持自尊。

“假成熟”的孩子和“权力感怪兽”都是自恋的教养方式导致的结果。后者是被困在父母的自恋气泡里，而前者是被迫早熟并形成了一个错误的自我，其实际拥有的竞争力并不像看起来那么强。这两种孩子都无法从情绪破产的妈妈那里分离出来，他们变成妈妈或爸爸需要他们成为的样子，而不是自己本来的样子。他们脆弱的自尊依赖于别人的认同，同时他们又害怕依恋关系和亲密关系，因为这会暴露他们的弱点和令人难以忍受的羞耻感。他们努力让别人认为他们是高人一等的，同时妒忌那些比自己拥有更多的人。尽管表面上看起来很迷人，但由于从未享受过充满共情的爱，他们内心深处总有一道裂痕，同时渴求被爱。那些承受不了羞耻感、幼年时期的自大和全能感膨胀的人会变成自恋狂，而更多的人则将一直受羞耻感的驱使，莫名其妙地被类似自恋狂父母的人吸引，分不清什么是现实，什么不是。这一类人最需要我们在第三部分“保护自己”里所提到的生存策略。

Why is it Always About YOU?

第三部分

保护自己：自恋狂世界里的生存策略

THE SEVEN DEADLY SINS OF NARCISSISM

Why is it
Always
About
YOU?

第 10 章
策略一：了解自己

自恋狂表现出来的态度和行为，能给生活在他们周围的人带来各种各样的困扰。当你与自恋狂互动时，他们对现实的歪曲程度能让你质疑自己，怀疑自己的认知。他们的不知羞耻、他们的自高自大，以及他们的权力感都会令你火冒三丈、愤愤不平。他们处理妒忌的方式让你感觉自己被贬低了，他们的盛怒、对他人的利用，以及缺乏对人际界限的认识，都会让你感到害怕、无助、脆弱，甚至感到自己被侵犯了。

你回应一个自恋狂的方式，取决于你在此之前与此类人相处的经历。如果你双亲中的一位或两位曾是自恋狂；或者你曾被兄弟姐妹狠狠地嘲弄或羞辱；或者你曾是一个害羞或被动的孩子且被其他孩子辱骂或虐待过；或者你曾与某些人关系亲密，你非常信任对方，但是后来发现自己的信任被亵渎了，或是感到自己被自恋狂利用了，那么你会比没有经历过这些的人更加敏感。我们的社会经历从一开始就教会我们应该对他人有怎样的期盼，以及应该对自己有怎样的感觉。这就是为什么我们在应对自恋狂时，要做的第一件事就是审视自己的经历，并识别出我们所做的反应为什么让自己不舒服。审视自己能够帮助我们了解并阻止正在发生的事情，以保护自己。

这件事说起来容易做起来难。我们对自恋狂的反应往往非常复杂，并不总是消极的。有时我们会为他们带有英雄主义色彩的气质所吸引，当他们以某种方式把我们也纳入他们的自大和全能感中时，我们也会感到飘飘然。如果成为他们生活中的一部分能让我们自己更加兴奋或看起来更完美，我们可能愿意付出这个代价。这样一来，我们就不由自主地产生了一种幻觉，虽然这种幻觉最终让我们变得空虚无比、伤痕累累。但一旦进入自恋狂的罗网，你就将原来的自己彻底抛之脑后了。

自恋狂通过我们自己的自恋弱点吸引我们，当我们与自恋狂父母还有未完成情结时尤为如此。早期的创伤使我们对自己存有一些不真实的期待，而且当达不到这些期待时我们会感到羞耻，这种感觉需要修复。当某个与自恋狂父母相似的人靠近我们并张开怀抱，我们会本能地亲近这个人，并将此作为疗伤的机会。通过依附于这种人，沐浴在他们的光环里，我们的需求马上就得到了满足；当我们抛弃自我取悦他们时，我们发出的信号是我们是可以被用来满足他们的需求的。我们敞开大门，接受剥削和倾泻而来的羞耻，而这正是他们一贯的行事风格。有些奸诈的自恋狂，还会通过时而贬低、时而赞美来操控我们，把我们留在他们身边。

泰瑞是个女青年，她与相当多的自恋狂朋友、恋人相处过，她也曾在充满自恋狂的环境中工作过（更多相关内容请参考第 17 章）。泰瑞曾长期地渴望被爱，因为她在成长过程中除了一对自恋狂父母之外没有其他人的陪伴，她也曾很努力地试着变成一个被他人仰慕的人。与自恋狂相似，泰瑞很容易灰心丧气，而且经常感到压抑，为了让自己更有趣、更重要，她曾经试图与那些“完美”的人建立理想化的关系。但与自恋狂不同的是，泰瑞发现，自己感到羞耻的原因是觉得自己一直都不够完美，而且她可以和别人讨论这一点并采取正确的行动。吸引她的人都是那些自大的、有全能感的人，而且他们最终都会不顾她的需求和感受地利用她。当她弄明白自己为什么会被这种人吸引时，她开始为自己做出更好的选择。然而，为了做到这一点，她不得不竭力排斥来自自恋狂们的吸引。这像极了有毒瘾的人对毒品说不，因为这些让自己感觉更好的人正是她建立真正自尊的障碍。

迈克尔来向我咨询是因为他在入睡过程中总是会惊恐发作。后来发现，这种情况多数出现在第二天早上会与老板碰面的时候，他的老板是一个可怕的自恋狂。迈克尔是公司的中层管理者，夹在老板和另外几个雇员之间，他幻想回到与酒鬼妈妈相伴的童年时代去寻求援助，他自尊的建立取决于保护自己的员工不受强横老板的欺负。尽管这几乎是不可能的，但失败还是令迈克尔感到无力和脆弱。这个难题打开了迈克尔尘封多年的恐惧之门，他把自己调整到高度警备状态来抵御恐惧。当他准备入睡时，肌肉就会剧烈地抽搐，致使他惊醒过来。当他接受了自己保护不了员工的现实，发现保护自己的唯一办法是换工作时，他的惊恐发作就消失了。

泰瑞和迈克尔都能够从自己的自恋倾向（即必须完美，必须一直保持统治地位，需要通过不切实际的幻想给泄了气的自己打气，比如“和那个人在一起可以让我感到自己与众不同”或“杀死那条龙能够证明我很强大”）中摆脱出来，正视自己潜在的羞耻感，改变自己的态度和行为，并与困扰他们的自恋狂保持一定的距离。如果你发现自己频繁地与自恋狂拉锯或总是被自恋狂吸引，那么请想一想，你将自己置身于在这种并无实际疗效的关系中，是想解决哪些老问题。

棱镜与平面镜

自恋狂的行为可以追溯到他过去的经历。我们都是透过经验的平面镜来审视生活的，但自恋狂不是，他们拥有的是一面棱镜，能够折射和扭曲接收到的信息，以避开难以忍受的羞耻感。这就意味着你永远不明白这些人是怎么看待你的，或者你也不知道他们什么时候会出于防守而攻击你，这一切都是为了缓解自己的羞耻感，避免让自己泄气，或是在受到自恋创伤后让自己重新膨胀起来。

自恋狂对其自身也有不喜欢的地方，但他们把自己不喜欢的地方不断地投射到别人身上。然后就开始表现得好像别人身上真有这些瑕疵（其实这是自恋狂自己所不想要的、自己身上的那部分）一样，甚至能成功地让对方觉得自己身上真有这些特点。但是对于投射者和被投射者来说，这一过程都是无意识的。这就意味着自恋狂最终会像对待他们自己灵魂上的浮尘一样将你抛开，或让你感受他们自己不愿承受的羞耻、愤怒、脆弱或毫无价值感。他们把这些缓缓地强加于你，让你逐渐吸收，用不了多久，这些特质就都变成你的了。如果你还小，还要依靠别人，或者说还很脆弱，自恋狂自己所“拒绝接受”的那部分就会被你吸收并内化为自我形象的一部分。事实上，这就是你被自恋狂抓住的第一个弱点。

想象一下，假如你正开着车缓慢地穿过商场的停车场，此时有个踩着滑板车的年轻人突然出现在你的前方，害得你猛踩刹车。你想办法避免撞上他，而他却在经过的时候用脏话谩骂你、朝你吼叫。这个年轻人好斗的行为表明他意识不到自己冒犯了别人对停车场的使用权，反而把这种冒犯“投射”到了你身上，在他看来，是你侵犯了他使用通畅道路的权利。

如果你发现自己想跟上去，同他理论一番，或者想把他打翻在地——而这并不是你的正常行为——你可能已经接受了他投射到你身上的好勇斗狠，并承认它是你自己的特点了。在与自恋狂的交往中，这种情况经常发生，使得我们有时很难理解自己在特定情况下的一些过激反应。

现在再想象一下，你正在参加一个晚宴，兴高采烈地与邻座的客人交谈，交谈的内容很丰富，看起来你们志趣相投，因此，你打算向这个看上去志同道合的人敞开心扉。然而，当她问到你在哪里读的大学时，交谈的气氛骤然冷却，她突然转头与另外一边的邻座聊了起来，留下一脸惊愕的你尴尬地坐在那里。你们的亲密友好突然就中断了，而你却完全没弄明白到底发生了什么。有可能是因为，你在毫无意识的情况下做的某件事使她受到了打击，让她感到没面子。我们多数人都经历过类似的羞辱，当我们处理这种投射，并把别人的羞耻感加到自己身上时，总会有一种强烈的不真实感。我们可能会认为被蔑视了，但我们认识不到自己已经从羞辱我们的人那里把羞耻感吸收过来了，在不知不觉中，那些羞辱我们的人已经“避开”了羞耻感。

以上都是遭遇自恋狂时，让我们感到不舒服和混乱的情况。有时一个人真的很难知道别人怎么了，自己又怎么了。你的心理越健康，就越能审视自己的羞耻感，越能分辨出自己的哪个“按钮”被按到了。如果你无法搞清自己的感觉或无法准确地解读别人，那就要向咨询师求助。你无法控制别人做什么，但是一旦你明白了前因后果，就可以学着控制自己的反应了。弄清楚自己的感觉最初是怎么产生的并接受它是你的一部分，是你保护自己免受自恋狂戕害的第一步。当你能与自己的感觉舒服地相处时，你就可以摆脱自恋狂的内在棱镜折射过来的羞耻感了。

生存指南

1. 当与那些反复让你感到羞愧、不适、愤怒，尤其会把你或他人理想化的人相处时，你要提高警惕，这些感觉可能说明你正在与一个自恋狂相处。当你识别出对方是什么样的人后，你就能更好地保卫自己了。
2. 当与自恋狂相处感到不舒服或产生强烈的情绪时，你应该问问自己你的哪个"按钮"被按到了。回忆一下你过去曾经有过这些感觉的时刻，冷静思考你当时是怎么想怎么做的。不要害怕审视你自己自恋的弱点，因为这样恰恰能让你变得更强大。
3. 当你清楚地识别出自己的行为时，思考一下你的感受是如何导致你成为自恋狂倾泻其羞耻感的对象的。试着不要把责任都揽到自己身上，尽管你感觉这就是你的责任，但事实上并不是。你只不过是他人达到目的的一个工具而已。
4. 你需要找到一种方法使自己从自恋狂强加于你的渺小感中脱离出来，有时把自恋狂看成一个心理年龄只有两岁的人对你会很有帮助。
5. 当化解掉自恋狂投射过来的羞耻感时，请忍住想要报复的冲动，也不要尝试去挑战或提醒那个自恋狂。对自恋狂来说，让无意识的事情保持无意识状态至关重要，如果你试图打破这一点，可能就会让情况变得更糟，最后受伤害或感到不舒服的还是你。

6. 别管自恋狂对这事怎么看，对你来说，只要明白投射到你身上的东西本该属于谁就足够了。如果做到这一点有困难，你可能需要更加专业的帮助，从更深的层面上帮你处理这一点。你可以找一个能够胜任的治疗师帮忙。

Why is it Always About YOU?

第 11 章 策略二：拥抱现实

扭曲现实是自恋的显著特征。无论是理想化、渴望完美、制造幻想与错觉、歪曲事实、小题大做、否认还是直接撒谎，自恋狂都在竭尽全力地回避任何会引起羞耻感的事实，并且进一步放纵幻想以维持他们的自大和全能感。他们要求别人帮他们共同完成这一点，要求别人崇拜他们、按他们的意思去做，而我们又总是很愿意去满足他们。因为我们也想感觉更有价值、更有活力一些，所以我们心甘情愿地钻进他们布下的罗网。正如他们需要我们来调节他们不可忍受的羞耻感一样，我们也需要他们来帮忙填补我们的空虚感。

除了真正的受虐狂，没有谁是为了被贬低、被侮辱，或当替罪羊而与自恋狂建立关系的；没有谁愿意体验被侵犯、被利用或害怕的感觉；没有谁会渴望待在一个自尊像蛋壳一样脆弱，或受挫后会暴跳如雷的人身边。那么为什么仍然有这么多自恋狂像泡沫一样漂浮在上层社会呢？我们选出的官员、体育明星、娱乐明星，为什么会那么耀眼，使得我们愿意为他们的自我膨胀买单呢？为什么他们能当上大型公司的领导者，并带领着一群忠实的粉丝呢？为什么女人会对自负的男人倾心，而男人又迷恋爱慕虚荣、肤浅的女人呢？

我们自己对自我膨胀的需求，使得我们无法抵御自恋狂的魅力。如果我们的自尊不够坚定，如果我们的生命中有所缺失，自恋狂恰恰能提供强有力的解药。

沙琳从小就希望自己能成为一名像爸爸一样能力超群的医生，但大学时代的浪漫恋情让她步入婚姻并做了母亲，后来她成了一名护士，而不是医生。她在自己行业的底层工作了很多年，直到在一所久负盛名的医院做到了护士长的职位。她聪明、有悟性、工作勤奋，所以引起了医院的首席执行官（CEO）的注意，CEO 是一个迷人的、有抱负的男人，他通过奖励员工而达到操纵他们的目的，从而实现自己那些浮夸的梦想。当沙琳的部门空出来一个管理岗位时，她被提拔了上来。然而，她根本没意识到成为“梦之队”的核心成员需要付出怎样的代价。

随着时间的流逝，由于能力出众，如山的工作压到了她的身上。当预算吃紧、CEO 又不愿意削减项目时，为了维持医院的良好声誉，沙琳接受了 CEO 不断增加给她的所有额外任务。而当每周工作 60 个小时或更长时间成为常态时，增加的就不仅仅是工作量了。四年的时间里，沙琳的体重长了 70 镑，而且对布洛芬上了瘾。她拥有一间偌大的办公室，这是她的第二个家，办公室堆满了如山的文件，她基本没有了休假和个人生活。然而，即使沙琳累倒在办公桌前，她的老板仍不满足。他要用沙琳那已被工作榨干了的人生来满足自己膨胀的自我。

每个人身边都有这种放弃自我而成就他人梦想的人。当这个他人是个自恋狂时，奉献者会发现，满足他们只会让其变得更加贪得无厌，因此久而久之，奉献者需要通过扭曲现实才能平衡自己所做的牺牲。这足以击垮他们。

芭芭拉来找我咨询是因为她出现了睡眠和进食障碍、这让她感到绝望和无助，毫无疑问，这正是抑郁的症状。她年轻、受过良好教育、善于表达、有魅力，充足的资本足以让她过上幸福的生活，然而当时她正在拼命结束一段与一个她看不上的男人的婚姻，同时正在拼命摆脱一份她很讨厌的工作，她还有一直都解决不了的药物成瘾问题。她困在自己的烦恼当中无法解脱。她的问题比较棘手，但我最终找到了原因。

芭芭拉有个秘密情人，一个有妇之夫，那是她的全世界。那个男人和他的妻子是他们社交圈的典范，理想的婚姻是他们神秘感和完美职业形象的一部分。然而，芭芭拉坚信，即使他们夫妻间曾经有过某种爱意，但那也早已不复存在了。在她的描述中，那个男人与妻子各过各的，只有迫于公众形象要求时，他们才在一起。芭芭拉相信，他们的交往对彼此非常重要，并且能够理解那个男人为什么不能离婚。她不明白的是，她做出那么多牺牲，不仅仅是为了爱，更是为了帮助那个男人维持他膨胀的、虚假的公众形象。

芭芭拉那段不尽如人意的婚姻被她描述得非常糟糕，她已经无法看到丈夫的优点了，因为她总是把丈夫和那个已被她理想化了的情人进行比较。她跟丈夫离婚，一方面是因为在她看来丈夫已经变成了一个无赖，另一方面是为了向情人证明她已经准备好将他们的关系更进一步了。但当情人并未迈出同样的步伐时，她彻底崩溃了。她甚至无法专心工作，因为她的生活好像被搁浅了，就等着看情人会不会终结他的婚姻。直到治疗并休养了很长一段时间后，她才意识自己处在怎样的困境里。她时时刻刻为那个男人“着想”，而那个男人却丝毫不关心她，哪怕是在她需要他的时候。

当芭芭拉停止接受治疗时，她的困局仍然没有解决，所以我也无从知道她的情人最终有没有圆她的梦，或是她最终是否成功突破这张大网另寻出路。但是很显然，她本可以无忧无虑地生活，却为自恋狂情人放弃了大部分的自我。她原本年轻且前途无量，但这些都被自己不切实际的幻想断送了。

生存指南

1. 与其搭乘自恋狂偶像的顺风车，还不如自己想办法实现梦想。不论自恋狂看上去有多么令人着迷，请避开他们以及他们制造出来的幻想。你卷入越多，就越会迷失自己。
2. 通过事实去认清自恋狂是什么人，而不是通过想象。理想化他人在一些人生阶段确实能起到很重要的作用，但如果有人在利用和伤害你，你却仍然坚信他是善良的或没有恶意的，那你的想法就太幼稚了，更别提这其中隐藏的危险。重点不是这个人是善还是恶，而是你能否应付这个人特有的缺点。他不好的方面不会因为你不愿意面对就自动消失。
3. 如果一个自恋狂有说谎、不尊重或伤害他人、泄密、利用别人或没有同情心等表现，那么要明白，他迟早都会以同样的方式对待你。不要掉入这样一个思维的陷阱，即认为你和他的关系很特殊，因此他不会这样对你。如果你存有这样的幻想，就说明你已经被套进自恋狂的罗网里了，赶紧回到现实中来。如果你一定要相信一个行为恶劣的自恋狂，那么就请相信他会以自恋的方式行事，而不要相信他会“对你真心实意”。
4. 当与自恋狂产生一段感情时，请不要认为你能改变这个人或者他会因为爱你而主动改变。虽然人们有时会因为感情经历而发生改变，但自恋狂不具备发生这种改变的条件——同理心。
5. 偶尔做做白日梦是好事，但如果你长时间脱离现实，等再回到现实世界时可能会发现，在你离开的这段时间，已经有人侵犯了你的生活。抵御自恋狂入侵和剥削的最好方式就是，牢牢掌握你自己的自恋弱点，并学会欣赏自己的优点。学着在现实里生活并为之努力。如果你无法控制自己的自大感或理想主义，你就可能挡住了自己通往幸福的路。

Why is it
Always
About
YOU?

第 12 章
策略三：设立界限

当我们建立并尊重人与人之间的良好界限时，我们能够与他人和谐相处。由于性骚扰和虐待儿童之类的问题层出不穷，我们对界限这个概念更加敏感了，然而对于我们来说，那些被自恋狂以惯用方式所破坏的界限，却比较难识别，尤其当我们在成长过程中也缺乏良好的界限教育时。

回忆一下自恋狂的成长过程，在他能够区分“我”和满足

"我"需求的人之前，他的发展就已经受阻了。内心里，这些人仍然停留在与那个全能的、包办一切的照顾者合为一体的心理状态中，而这也成为他与别人交往的典型模式。在他们看来，他人的存在只是为了满足自己的需求，他们对那些没有利用价值的人毫不关心。从心理学上讲，除非某个人能为他们做些什么，否则他们"看"不到那个人的存在。他们可能在其他方面发展得很好，可能很聪明、很幽默、很有成就，甚至很可爱，但通过他们与周围人的关系，你会发现他们身上有幼稚的自恋狂特点。他们会不可避免地破坏界限——与我们通常所认为的自恋狂所具有的虚荣、傲慢、自私自利或其他特征相比，这才是你判断其是否为自恋狂的最大线索。如果忽略了这一点，你就把自己暴露在了危险当中。

大部分破坏界限的行为都是显而易见的，比如损害人身或财产安全之类的犯罪。而另外一些破坏界限的行为则很微妙，甚至看起来令人感觉很"正常"，尤其当你的原生家庭就不支持你的独立自主的时候。例如：

- 你有没有这样一个兄弟姐妹，可以不用征求你的意见，就随便玩你的玩具、穿你的衣服，或使用你的其他个人用品，比如化妆品或洗护用品。
- 你有没有这样一个兄弟姐妹，可以在言语或身体上戏弄完你之后转头就走，而不用接受惩罚。
- 你父母的某一方会不会经常帮你收拾衣服或玩具，或在你们外出就餐时为你点餐。
- 当你屋门紧闭时，你的父母是否会不敲门就闯入你的卧室或浴室，偷听你打电话，或私自翻你的信件或日记。你能够为一些活动，例如音乐课、体育课及其他兴趣爱好做选择和决定吗？

如果这些情况在你的家中司空见惯，那么在你的成长过程中，你可能意识不到人际界限的重要性，因此你也就未曾为保卫自己做好准备。长大后，你还会面临其他挑战。例如：

- 你有没有这样一些亲戚朋友，他们习惯于在未被邀请的情况下顺路来你家做客、提前来参加聚会、随便翻看你的药箱或衣柜、屡次要求你为他们提供各种帮助，或是在他们有急事时希望你放下手里的事情马上去帮助他们；有没有人想独自占有你、不愿意与任何人分享你（即使是你的配偶或孩子也不行），如果你没把他纳入你大多数或全部的社交活动中，他就会表现出很受伤的样子；或者有没有人经常买与你相同或相似的衣服、车、房子或家具。
- 你的配偶是否会经常私拆你的个人信件，或未经允许就翻看你的手提袋、钱包或衣服口袋，当你希望他不要在背后偷看你的日记或翻看你的通话记录时，他是否会仍旧照做不误。你的配偶有没有未经允许，就把你很珍惜的个人物品扔掉。
- 你的室友或家人是否会经常性地不问一下你就从你的手提包或钱包里拿钱、随便穿你的衣服或使用你的私人物品；是不是未经允许，就借用你的车子。
- 你的亲戚朋友是否会在你没有发出请求时，就主动给你提供如何养育孩子的建议；有没有不经你的首肯，他们就帮你打扫厨房或卫生间、洗衣服、重新摆放家具。

- 有没有哪个亲戚或朋友曾经询问过你的理财方法，想要知道你在车子、房子或旅游上面花了多少钱，或是你在银行存了多少钱。
- 你的家人、密友或直管上司有没有对你进行过性骚扰或想跟你搞暧昧关系。
- 你的邻居是不是在监视你的出出进进、透过窗户或栅栏偷窥你，是不是在你不在家的时候逗弄你的宠物，或把他的个人用品放到你家。
- 你的老板是否经常希望你放弃午饭或休息时间，希望你加班或把工作带回家做；当你不在场时（且在你不知情且未经你允准的情况下），你的同事有否进入过你的办公室或翻看过你的办公桌。
- 其他人有没有触碰过你的身体、问你一些非常私人化的问题、未经邀请就对你品头论足、未经允许就替你说话，或跟你争论你应该有什么感觉。

以上是我们大多数人都或多或少会经历到的一些破坏界限的例子。有时候，这种事情的发生是因为有合理的理由，或者只是偶然事件。但是，自恋狂却习惯于这么做，他们做这种事情时会不加考虑，而且认为自己绝对有权这么做。他们认为他们的需要比你的需要重要得多，他们懂得的比你更多，如果他们得知你认为他们侵犯了别人且不懂得体谅，他们会觉得受到了侮辱。自恋狂不会因为你的提醒而纠正其行为。为了保护你自己，你需要设立界限。

生存指南

1. 在设立界限时，关键词是控制，而且是由你来控制。因为是你要站起来反抗，而比起让你来控制，自恋狂更加喜欢掌握控制权，所以你要提前计划好该如何取得你的控制权。你的首要目标是什么，时间如何安排；在过去的相处过程中，你曾尝试过用什么方法来应对他，其中哪些有效、哪些无效；现在有哪些地方变得不一样了；你与自恋狂之间的权力分配是否发生过变化，这种权力分配，对你有利还是对他有利；你可以把哪些人争取过来帮助你；采取直接性措施，还是间接性措施好；你计划如何实施你的界限……面对现实，但同时也要记住，办法总是会有的，在任何情况下，你都可以努力去改变自己的命运，但要思虑周全，然后下定决心去实施。
2. 你是否愿意直接面对这个问题，取决于你与自恋狂之间的关系如何、你俩谁拥有更多的控制力，以及你愿意冒多大的风险。通常意义上的自信果敢在自恋狂那里都不起作用，因为如果让他们知道其实你并不是他们的附庸，或者他们所做的某些事让你难过了，他们会认为你是在侵犯他们的与众不同、优越感以及他们对你的所有权。你还需要知道一点，对于他们的不正常行为，只要你有任何反抗，都是在破坏他们的完美形象，都会让他们感到羞耻并采取防卫措施。因此，如果你仍然希望维持你们之间的关系，就要寻找一种温和的方式来传达你的意思，然后再巧妙地修复他的羞耻感。你既需要意志坚定、实事求是，也需要善待、尊重他们。怀揣一颗同理心谨慎地去行动，因为一旦他们发现了你的控制力，就会出现事与愿违的结果了。可以把你的计划讲给一个信任的人听，为自己增加信心，而他人客观的反馈，也能帮助你改进接下来的行动。

3. 在采取行动以前，明智的做法是先放下你对这个人的所有怒气。你要把焦点放在，当你采取有效措施保护自己后，你的感受将会有多大的改善上。切勿冲动，也不要急于报复他曾对你做的错事。虽然一吐为快能让你感到一时的满足，但那同时也会带来你无法承受的后果，即对整件事情失去控制。对于在何时何地采取行动要深思熟虑，试着保持心平气和，避免情绪化。当自恋狂对你设立界限的行为做出反应时，你可能需要动用所有的智慧去应付他。
4. 如果你们之间的关系没有朝你想要的方向发展，那你就要准备好应对办法了。一旦自恋狂意识到你想要掌控你自己的人生，他一定会想办法应对，因为这打破了他内心的平衡。他可能会从其他方面来检验你，看看你到底有多大的决心想要实现独立自主。他也可能会疏远你，去其他地方寻找掌控权，你甚至可能会感觉自己好像失去了什么。他还有可能会操控、胁迫或引诱你撤销界限，重新获取他曾经对你的所有权。如果你以前没有经历过这些的话，这将会是充满挑战的。别急，慢慢来，考虑一下你的感觉和正在发生的事情，然后再仔细计划接下来要怎么应付，尽量不要在同一个地方跌倒两次。
5. 一旦界限设置成功，就要守住。如果你让步的话，自恋狂就会认为你并不是跟他“来真的”。在与自恋狂交往的过程中，你永远要保持警惕，因为你所守住的，是自己的健康和幸福。

Why is it
Always
About
YOU?

第 13 章

策略四：培养互惠的关系

应对自恋狂最好的办法之一，是从一开始就避免和他们建立关系。如果无法避开他们，就尝试着减少与他们的交往，多跟健康的、谦逊的人来往。同时，你也要尽量避开充斥着自恋狂的不良环境，去寻求一个彼此求同存异，人际界限健康清晰的生存空间。

如果你来自一个自恋的家庭，你需要特别努力才能实现这些目标。毋庸置疑的是，你父（母）亲的自恋已经在你身上留下了印记。在与他人相处时，尽管别人很看重也很尊重你，你还是觉得自己没有价值，你可能不太熟悉互惠的互动节奏。不要绝望，通过你的洞察力、努力和自控力，你能够克服这些童年时期留下的障碍，并过上健康的生活。你甚至可以在与自恋狂家人保持关系的同时，做到这一点，尽管这会有一定的难度并且常常面临挑战。但如果保持与这些人的交往，使你无法让自己的生活步入正轨，你可以让自己远离他们，至少是暂时性地远离。

有人说，我们选择朋友就相当于选择家庭成员。如果我们的生活中到处都是自恋狂，那么明智地选择朋友就显得尤为重要——如果涉及恋爱关系，其重要性则要翻倍。我们倾向于通过这些关系重写幼年生活的脚本，努力让它有个全新的结局，但是如果我们在一开始进入这些治愈性的关系时并没有这样的意识或没能设立好界限，就很有可能重蹈覆辙。此外，如果我们了解自己的弱点，能看透自己心存的幻想以及不切实际的恐惧，并能找到勇气来保护自己，不让那些自恋狂有可乘之机，我们就可以改变自己的人生。选择健康的朋友和爱人，是一个非常好的起点。

什么是互惠的关系

1. 在一段互惠的关系中，每个人都会付出，每个人也都会有所收获。付出和收益不需要讲得非常清楚或绝对均等，重点在于，每个人都能感到他的付出得到了相应的回报。
2. 给予者和接受者的角色总是在发生变化。无论有没有成文的约定，双方都明白什么时候应该给予，什么时候应该接受。在关系存续期间，对于这一点，交往中的双方都应感到公平。

3. 双方都能够感到自己的付出是值得的，也都能够对于对方的付出表示感谢。
4. 双方都看重独立和界限。如果发生冲突，双方都会在尊重彼此感受和观点的同时，努力搞清楚彼此之间的差异。
5. 没有必要“记分”。记分——记录谁做了什么、谁“欠”谁的——说明有人觉得这段关系不是互惠的，或者觉得很难忍受这种账目不清的给予–接受状态。

如果你来自一个相对健康的家庭，这些注意事项中的很多条对你来说只不过是习以为常的事。在某些时候，你的某些“按钮”也会被触碰到（没有谁的童年时代是完美无缺的），但你不大可能会产生投射和曲解，可能也不会脆弱到受到他人投射的影响。简言之，你可能有很好的界限，不需要活在幻想的世界中。然而那些在自恋狂家庭中长大的人，可能已经继承了某个内在的棱镜。但是你足够幸运，因为你并没有这些问题，因此你能够准确理解和倾听他人。因为你对自己有很现实的认识（既包括优点也包括缺点），并且有共情的能力，所以你能够“设身处地”地为他人着想，并且能够以平衡的方式看待他人。因为你倾向于选择与健康的人交往，所以你的个人生活也相对自由，很少与他人发生冲突。

如果你来自健康的家庭，却在工作的地方或所属的组织里遭遇了自恋狂的侵扰，唉，他们无处不在，如果你躲不掉，就只能权衡一下自己可以做什么，弄清你自己可能有哪些局限性和弱点，客观审视你正在应对的人，并设立好界限。庆幸的是，你拥有的其他互惠关系，足以抵挡当今世界中那些我们无法避免的、横亘在我们前行路上的自恋行径。其他人可没你这么幸运，为了追求原生家庭所不曾给予的自尊，他们需要付出惨重的代价。

在第四部分“特殊人群”中，我们将会更深入地探讨这些应对策略，将其应用到那些深受自恋狂困扰的情境中。在第 14 章，我们会把青春期当作第二个学步期来进行探讨，在这个时期，有些自恋的表现是正常的，而有些则明显不正常。你认为你了解其中的区别吗？了解一下专家是怎么说的，然后看看你是否善于判断青少年的行为。

成瘾行为通常始于青春期，这个时期大脑和个性的发展同时面临着来自生理和社会的挑战，这是成长过程中的考验。那些先前就存在缺陷的人，特别难以忍受羞耻感，正是这一点造成了自恋和成瘾之间的微妙关系。在第 15 章，你可以了解到家庭的破裂和自我发展的断裂是如何导致成瘾的，甚至能预料到对某种特定毒品的成瘾。你认识的自恋狂也有某种瘾吗？你们会是协同依赖吗？

我们对爱和亲密关系的研究，让我们能够直面人生早期与主要照顾者的依恋质量。我们是否感觉到安全和被爱，如何解决自己幼年期的自恋，以及是否建立了心理上的自主，都为我们贯穿一生的亲密关系设定了基调。自我膨胀的感觉、对理想式爱情的幻想、想要与他人融为一体的原初性渴望——这些到底是爱，还是自恋呢？请到第 16 章中寻找答案。

如今，很多工作场所的气氛都很紧张，自恋狂式的领导给所有员工都造成了不良影响。自恋狂对权力的追逐，其实是为了满足膨胀的自我并甩掉羞耻感，因此只要有一块草皮尚可争夺，我们就有可能见识到他们的粗鲁无礼。第 17 章将揭开全能感的面纱去探索自恋狂的弱点，这些弱点驱动着自恋狂，同时也让活在自恋狂魔爪之下的人异常痛苦。如果你想继续留在与自恋狂的关系中，这里有几个小建议教你如何掌握自己的命运。

如果在你的成长过程中，你发现自恋狂父母非常难应付，那么只需要耐心等待，衰老会慢慢地、无情地夺走他们惯用的防卫措施，到时你看看将会发生什么。第 18 章写给所有那些随着岁月流逝仍在期待能被父母当作一个独立的、有价值的人来看待的 ACON（自恋狂的成年子女）。在一段几乎得不到任何回报的关系中，你可以付出多少呢？年老的自恋狂可能会让你体验一下。

Why is it Always About YOU?

THE SEVEN DEADLY SINS OF NARCISSISM

第四部分

“特殊人群”：你生活中遇到的那些自恋狂

Why is it
Always
About
YOU?

第 14 章
青少年自恋：哪些正常，哪些不正常

成年人总是会被青春期孩子所做的一些事情刺激到。坦诚地说，这其中有些是因为妒忌——青少年拥有很多我们曾经很珍惜，但随着年龄的增长逐渐失去的品质，他们的青春活力和无量前途让我们自惭形秽。如果他们能尊重并顺从我们，对我们所看重的事情表示出兴趣，就能安抚一下我们那些由于自恋而受的伤。但在一个由他们所组成的世界里，我们往往感觉自己好像变成了二等公民，我们与他们唯一能产生关系的地方，就是满足他们的需求并成为他们嘲笑的对象。对于我们当中那些经常遭到自恋狂欺负的人来说，这些并不陌生。你怀疑自己的孩子是个自恋狂吗？

“我曾经喜爱的那个小家伙哪里去了？”

任何一个快被十一二岁孩子逼疯的父母都会告诉你，他的孩子曾经很喜欢和爸爸妈妈在厨房或车库里玩，喜欢与爸爸妈妈分享秘密、开傻傻的玩笑，喜欢盘坐在爸爸妈妈身边等待一个吻或一个拥抱。然后，某一天，他突然不再跟任何与自己相差超过两岁的人好好说话了，并且变得喜怒无常、不可理喻和非常自私固执。当青春期来袭，父母有理由怀疑他们的宝贝孩子是不是被电视里的外星人入侵了。到底发生了什么？这种突如其来的表现，是不是我们所说的自恋行为呢？

首先，这跟荷尔蒙有关，而且是正常的。青春期是这样开始的，大脑中一个叫作下丘的部分，告诉一个叫垂体的小腺体去叫醒沉睡中的性器官，即睾丸和卵巢，让它们启动并开始工作。荷尔蒙飙升——尤其是雄性荷尔蒙睾丸素（女性也会分泌少量的睾丸素）——引起我们常见的、青少年身上那种一触即发的情绪：他们有时感觉自己站在世界之巅，但很快又信心全无。这种情绪很典型，他们也因此非常痛苦，尤其是年龄较小的青少年。但这只是冰山一角。

尽管荷尔蒙分泌的起伏以及随之而来的情感状态会伴随人的一生，但对青少年来说，这种全新的、强烈的感觉非常陌生，也非常强大。尽管如此，相比荷尔蒙，对青少年情绪影响更大的还是那看得见的身体变化所引起的心理冲击。在 8 到 14 岁期间（女孩要更早一些），孩子随时都可能出现身高的快速生长，所以有一段时间，孩子会显得胳膊腿特别长。到了 10 到 12 岁，他们会食欲大增，因而导致脂肪堆积，体重也明显增加。然后他们就迎来了体重突增阶段，一部分储存的脂肪被燃烧掉了，其余的部分则被重新分配，使孩子出现第二性征。一个 10 到 14 岁的标准女孩，体重会增加大约38磅[①]，身高增长将近10英寸[②]；男孩则会在12到16岁期间体重增加 42 磅，身高增长 10 英寸。当他们的胸部和面部毛发开始发育（同时经受青春痘之苦）并长成一个大块头时，孩子们坚信所有的人都在用嘲笑的眼光看着他们。最终导致的结果可能是，他们长期处于蒙羞状态，在行为和态度上随时保持防御状态。当你看到七宗罪的迹象时，要知道那其实是羞耻感在作祟。

就在身体和情绪发生着这些变化的过程中，他们的大脑也在同时不断发育。大多数孩子到小学三四年级的时候，就已经拥有逻辑思维能力了，到了十来岁，他们则具备了抽象思维能力，可以提出假设并进行演绎推理。这时，他们能够利用他们丰富的常识，来得出特定的结论，他们非常享受动脑筋的乐趣，就像往日享受在操场

① 1 磅 ≈0.4536 千克。——译者注
② 1 英寸 ≈2.54 厘米。——译者注

上嬉戏打闹一样。如果说一岁孩子疯狂爱上这个世界是一个简单版的故事，十多岁的孩子沉醉于做梦与思考——尤其是他们自己的理想——则是这个故事的升级版。

具有讽刺意味的是，演绎推理这一新技能的发展要求青少年去客观认识外面的世界，这对他们来说是有难度的，因为他们总是以主观的方式来看待这个世界。与学步期很类似，以自我为中心的思维方式对青少年而言是正常的，也对其有着适应性意义。他们正在加速筹备，以便去扮演新的角色、承担新的责任，如果不能把自己想象成强大而优秀的人物，他们就会特别沮丧。

青少年以自我为中心、不考虑他人，是一种很常见的现象，比如，他们相信自己的思想、感情或经历都是独一无二的，他们坚信自己在所有事情中都非常重要，而现实中他们其实并没有那么重要。就好像他们永远都在为假象中的观众表演一样，年龄较小的青少年甚至会去猜测其他人怎么想（尤其是怎么看待自己），因为他们过度以自我为中心，所以坚信自己的猜想就是事实。

青少年的以自我为中心和演绎推理能力，共同构成一个反复无常的混合体，最后导致两种幻想性思维，有点像自恋狂的全能感和自大。一种叫作无敌神话，相信对于别人来说危险的事情自己却有能力免疫；另一种叫作个人神话，幻想自己是独一无二的、具有英雄主义色彩的，甚至是具有神秘感的人物。

“我是世界之王”

无敌神话使得有些青少年不计后果地从事危险行为——抽烟、喝酒、吸毒、无保护的性行为、极限运动、危险驾驶，甚至是犯罪活动。父母经常会好奇，他们原本那个聪明的孩子，怎么会变得这么愚蠢。但青少年的无所畏惧不仅仅是蛮干，其中也存在适应性意义。就像一岁的孩子为了探索周围的世界需要有无敌感一样，即将成年的青少年必须有足够的自信才能应对成年人世界的挑战，才能让自己获得更高的能力水平。无敌的感觉能中和对无能的怀疑。

我们以本为例，他就是一个喜欢极限运动的男孩子。他从小就喜欢冒险，六岁开始玩滑板，不久就开始玩特技了——比他大的孩子都不敢尝试。10 岁时，他就已经拥有超凡的运动技能，并开始挑战单板滑雪 U 形池。到了 16 岁，本已经跻身到“极限”滑板的精英团体，当他们从山顶上一跃而下时，他们藐视死亡，凭借的仅仅是一块金属板和面对死亡时无所畏惧的态度。珍妮是本的妈妈，她不停地祈祷，并给儿子购买各种医疗保险。她的朋友都认为她是疯了才会让儿子去冒这种险，但珍妮宁愿看到儿子去展现他显著的天赋，也不愿意他走上邪路。本从没吸过毒（用珍妮的话说就是“他不敢”），他学习中上等，希望有朝一日可以成为动作片电影的制片人。

“你不可能懂”

个人神话能让十几岁的孩子认为自己比别人更特别，而且不管有没有天分、努不努力，他都注定辉煌，这简直囊括了自恋狂的所有自大特征。他们不仅是这么认为的，也是这么做的。如果你发现这种表现不仅仅是暂时性的傲慢、轻蔑，或权力感，那么这下面可能隐藏着不健康的自恋。相反，如果这种幻想能够给人带来力量，并让人获得真正的成就，那就是健康的自恋在发挥作用。毕竟，多数成就始于梦想。

马拉总是有很多“奇思妙想”，而且她总是认为自己是大家的焦点。幼年时，她就是个天生的表演者，总是努力吸引大人们和其他孩子的注意。她喜欢打扮得漂漂亮亮，尤其喜欢妈妈不要的礼服和首饰，然后她会设计一系列场景，让自己扮演不同的角色。她的父母对此赞赏有加，而且给她报了学习班，让她进一步学习唱歌、跳舞和表演技巧。中学时，她开始与经纪人签约。为了全面发展，父母坚持让她抽时间到附近的医院做义工，她很喜欢给孩子们讲故事，给患者带来欢声笑语。青春期的到来猝不及防，马拉同样经历了戏剧性的时刻，同样与父母有过激烈的权力之争，但是在父母的引导和包容下，她顺利经过了这些正常的暴风雨。现在，她是一位充满理想、适应良好的女青年，在一所知名的学校学习表演艺术。

不是所有的孩子都像马拉那么幸运，父母知道什么时候应该允许和鼓励孩子的以自我为中心，什么时候应该让孩子学着为他人着想。青春期再次出现的自恋情结和以自我为中心，无论对父母还是对青少年，都是一个挑战。对于有些青少年，没有人帮助他们形成更广阔的世界观，他们也无法真实地感知自我，所以就很不幸地被困在自己的世界里了。

实际上，在青春期来临之前，孩子就需要有人能够发现他们独特的才能，在他们掌握本领的过程中鼓励他们，从侧面为他们提供机会，而不是在孩子还没有表现出任何特殊的兴趣或能力时，强行让孩子在某方面出色，或当一个孩子明显无法做到时，仍愚蠢盲目地反复说：“你能做到的！”对于孩子而言，我们需要带着一颗同理心，去理解他以及他的天赋和个人追求。

自尊

最近几年，在我们教养孩子的过程中出现了一种不好的趋势，即把灌输“自尊”作为主要目标。几乎所有人都认可让孩子自我感觉良好的重要性，甚至所有人都同意自尊可以让孩子免受贫穷和虐待等社会问题的影响。然而，给孩子接种自尊这剂“社会疫苗”的做法，却产生了一些我们不愿意看到的后果。

发生的第一件事是，学校的新课程教导小学生关注自己内在的先天优点，而不是发展能够给予他们自信的实际技能。孩子们受到鼓励，也不管自己的实际表现到底好不好，只是不断盲目地自我肯定。这导致的结果就是，孩子认为：相比结果，努力的过程更重要，以及如果感觉“不好”，那一定是哪里出了问题；如果你没能得到想要的东西，感觉很受伤，那么其他人或事就应该为此负责，你有权要求补偿。如果你感到自己有权享受“特殊待遇”和好的结果，那么你不是在提升真正的自尊，而是在破坏它。真正的自尊是建立在真才实学而非异想天开上的。不切实际的期待“我希望怎样就能怎样（或想要什么就能得到什么）”或“如果我努力了就应该有所回报”，使美国的抑郁患者增加了近10倍，这些人初次发作抑郁的平均年龄就在青春期中期。

我是谁

作为一个独一无二的人，一个人要形成其完整和独立的自我意识——即使时间和环境改变，自己的行为和态度也保持不变——这个形成过程从幼年时期就开始了，青春期的主要任务是继续完成它。最理想的过程是，允许青少年延缓履行成年人该履行的责任，从而使其能获得更多的实践机会，去尝试扮演不同的角色，直到找到那个适合自己的角色为止。当这个过程结束时，他们就会形成强大的自我同一性，并形成自己的品格。

在这个过程中，他们有一件很痛苦却必须要做的事情，即切断婴幼儿期所建立的对父母的依赖。不是说青少年不再需要父母了，恰恰相反，他们更需要父母的帮助，有了父母的帮助，青少年才能从童年成长出来，摆脱与父母在早期形成的依恋关系。

精神分析学者发现，青少年时期发生的事情，与幼年时期分离–个体化过程中所发生的事情，有惊人的相似之处。就像幼儿要区分自我与他人，青少年也需要在心理上与父母和家庭分离开来。

身体的快速成熟，使得幼儿和青少年变得越来越独立。接下来的“实践”阶段让青少年有机会尝试使用新获得的本领，并且能在父母的周全庇护下获得更大的自由。十来岁孩子叛逆不安和敏感易怒的特点，甚至也会体现在时而精神饱满、时而垂头丧气的“实践”阶段的青少年身上。青春期早期和中期的青少年对父母的矛盾情绪与“恢复关系”阶段的儿童对父母的矛盾心理也有惊人的相似之处，即时而扑向父母寻求安全感和支持，时而又生气地推开父母。他们都是一边在追求独立的路上锐意进取，一边与丧失自主权的恐惧感做斗争（第 8 章详细讲述了幼儿早期的“实践”阶段和“恢复关系”阶段。）

第二个个体化阶段发生在青春期，青少年从爱父母转为爱那个日益凸显的自我，在观察力敏锐的父母看来，此时的青少年就像神话里为水中自己的倒影所迷倒的那耳喀索斯[①]一样。在青春期自恋的背后，他们正在悄悄进行心灵重建，而这意味着他们从心理上退回到一种更原始更自我的思维模式。无论在任何年龄，行为上发生了退行，都是为了防御内心的分裂，同时，其健康的机体功能的发挥和发展也会面临一定的风险。但是青少年退回到自恋状态对于应对心理危机，是必要的也是正常的。这使得青少年发展出更成熟的人格，来处理对依赖性和破坏性的渴望，以便实现对这些原始性冲动的良好控制。这场暴风雨同时促进了品格的形成，这给青少年提供了强大的内心力量和自控力，从而为其放飞自我、追求理想提供

① 希腊神话中一个俊美而自负的少年。——译者注

了可能性。到青春期末期时，健康的个体已经完成了品格塑造的任务，童年时期的无助和焦虑被整合进了成年的自我当中，无法再频繁引发伤害和压力了。没有健康的自恋能量是无法实现这一点的，同理，成功塑造的品格也能使健康的自恋获得满足。

不幸的是，并不是所有青少年都能渡过难关。

当出错时

在以下三种情况下，自我同一性的健康发展会受到阻碍，从而使即将成年的年轻人永久陷入青春期自恋中。第一种情况叫作同一性早闭，这种情况常发生在这样一些孩子身上，他们被来自家庭或社会的高期待吓坏了，以至于无法发展真实的自我。这些孩子的父母通常都是专横的自恋狂，他们无法容忍在十几岁孩子身上出现的越来越强烈的独立需求，如果孩子想要独立，他们就以抛弃孩子相威胁。为了安全起见，孩子会遵照父母的期待，成为像妈妈一样的医生，或爸爸一样的科学家，而不是去做自己真正喜欢的事情。如果不经检验地全盘接受父母安排的任务和灌输的价值观，那这些青少年建立自我同一性的过程就会早闭。其中有些人在长大后，能够通过努力重新获得适应，而其他人则永远都无法逃出自恋这张大网，他们只有通过不断取悦别人来维护自尊。

第二种情况称为反向认同——在各方面所表现出来的，都与之前所受的教育相反。这些青少年认为自己极为独立、极为成熟，他们通过否定权威建立同一性。他们不能成熟地审视自我，也无法认同主流价值观。他们会很生气地拒绝那些他们无法做到或不感兴趣的期望。通常，当他们感到自己的权力感受挫时，就会产生自恋式的愤怒。与顺利实现自我同一性完成的人相比，他们有许许多多狂妄自大的认知。而只要这种充满敌意的认知继续存在，自恋就会持续。

第三种情况叫作同一性扩散，这种情况的危害一直延续到个体成年后。这些年轻人几乎不会投身于任何目标或理想，看起来对任何事情都漠不关心。在青春期时，他们就很难完成功课、择校、就业或对未来的筹划。他们对性关系和柏拉图式的爱情都没有任何向往和责任感。他们似乎不关心“我是谁”。这类青少年的自恋可能是最原始的一种自恋——错误的自我感知给成长带来了阻碍，全能感和自大感的缺失，导致他们没有足够的力量去掌控人生，形成自我同一性。

自恋式的愤怒和青少年暴力

孩子凭直觉就能知道他们所生活的世界重视什么，而且当今很多孩子都知道受重视的不是他们。我们的社会越来越关注外貌、成就、财富、权力，这也就难怪我们的年轻人都希望自己长得好看，超越同龄人，要什么有什么，并能够控制别人。他们渴望有机会能达到这个社会所设定的理想目标，如果达不到，就会感到羞耻和愤怒。最可悲的是，很多时候，父母并不能为其提供及时的指点和示范，以及聆听和理解。

1978 年到 1998 年之间，夫妻双方都外出工作的美国家庭已经从只占 40% 多一点，增加到 60% 多，而在单亲家庭中，在职妈妈的比例也从不到 60% 增长到 70%。一项针对 7 000 名 20 世纪 90 年代青少年的长期研究发现，他们平均每天有 3.5 小时独自待在家里。1999 年 4 月，科罗拉多州立托顿镇的科隆比纳高中发生了 15 死 23 伤的校园枪击事件，在其后的一个月，为了让民众意识到日益增加的青少年暴力、抑郁和绝望，媒体公开了更多此类数据。据《时代周刊》报道："父母陪伴孩子的时间比 30 年前缩减了 40%。"《新闻周刊》也声称："种种研究显示，许多孩子——甚至是优等生——都感觉越来越孤独、疏离，无法与父母、老师甚至同学们良好交往，他们迫切需要引导。如果在家里或学校得不到满足，他们就会结成小团体，而这个团体往往充斥着暴力游戏和视频。"

当自恋狂父母把全部精力都投入自己所关注的事情上，而不去陪伴孩子时，他们往往也会把孩子养育成自恋的人，或者至少也会导致孩子形成很严重的自恋弱点，比如说对羞耻很敏感、无法控制强烈的负面情绪或无法克制自己的攻击冲动等。几年前，一项针对小学男生的研究显示，与温顺的孩子相比，高攻击水平的男生不善于准确解读其他同龄人的行为，他们更有可能把模棱两可的情况解读成明显的恶意，然后"先发制人"。

很久以前，就有研究表明，在孩子两三岁时，就可以通过分析其个性特点和家庭环境，来预言其将来的反社会行为。那些问题少年，往往在婴儿时期就表现出了明显的狂躁不安、蔑视权威以及强大的破坏性。如果其父母或其中一方曾有过犯罪、酗酒或情绪障碍等问题，并与孩子未能在早期建立依恋关系，那这些也会导致孩子在日后出现反社会行为。失能的父母加上失能的亲子关系，导致孩子没有学会控制自己的情绪和攻击性行为。他们对规则和权威没有敬畏，更不会考虑其他人的感受与想法。当这些人格缺陷遭遇青春期的挑战，他们出现暴力行为也就不足为奇了。

生存指南：驾驭青春期自恋

策略一：了解自己

傲慢自大的青少年一意孤行，他们能惹好多人发火。他们按到了你的哪些按钮？你想怎么做？你冲动了吗？效果怎么样？

如果你的孩子就是我们讨论的这类年轻人，既然你现在对自恋已经有所了解了，那你就要问问自己了，孩子的问题是由你自身的哪些自恋特点造成的？不要把问题归咎于社会、学校、政府、媒体、配偶或其他不可控因素，这不仅对你解决问题毫无帮助，反而会让你感到无助和生气。最好归因于可控的因素——那就是你自己的行为。

- 你把自己的价值观和期望清楚无误地与孩子沟通了吗？
- 你是能赢得孩子尊重的那个人吗（不仅仅因为你是父母，也因为你自己生活的方式）？

- 你尊重孩子的分离和个体化吗？
- 你知道孩子什么时候是真的需要你，而且届时你能够放下手里的事情，去满足他的需求吗？
- 你对孩子的活动给予充分监管了吗？
- 你是否会鼓励你的孩子为他自己考虑？
- 你有否为孩子提供了建立品格的机会？
- 随着孩子的不断长大成熟，你有否给予孩子更多的特权和自由？
- 当你犯错时，会向孩子承认错误吗？

尽管有时候表面看起来并非如此，但实际上你的一言一行孩子都尽收眼底。即使在他们要把你推开时，他们仍需要你的指引和支持。给予他们这份关乎品格的礼物——成为一个能让他们钦佩的人。

策略二：拥抱现实

你改变不了别人家的自恋孩子，你也无法在一夜之间改变自己的孩子。

相比四五十年前，当今世界变得危险多了。有很多暴戾、寡廉鲜耻的人，他们对他人毫无怜悯之心，这其中有很多就是青少年。当冲突对你不利时，请避免和他们交锋，当麻烦不可避免时，请保持平和的心态。

同样地，你也不要过分悲观，或者认为所有的青少年都不可救药地被惯坏了，以致他们不懂得如何和别人交往。他们中的大多数人，都只是在经历一个正常阶段，只是很多成年人无法想象这个过程。对于青少年来说，青春期的大部分时间都是充满理想主义色彩的，许多年轻人比他们的父母更富有正义感。在整个 20 世纪 90 年代期间，未成年人怀孕的数量减少了，因暴力犯罪而被捕的青少年也减少了，这些都为未来注入了希望。如果你担心自己的孩子会出现不健康自恋，那么你要明白整个家庭的行为方式都需要改变，以此来打击孩子狂妄自大的气焰，改正其易怒的脾气，让孩子学会应对羞耻，这是整个家庭的任务。你需要制订一份计划，让每一个家庭成员都意识到其在这个问题中所承担的任务，也需要制订一份每个人管理情绪的计划，计划要有操作性和可行性，并做好时间安排，同时注意，切忌让这一计划受到自己狂妄自大、完美主义和支配欲的影响。

策略三：设立界限

如果你自己或别人的孩子有让人难以接受的行为，请勿纵容。如果是别人的孩子，你需要提醒他们的父母或教师，以便保护你自己和你的孩子。不要犹豫，即使你认为你无法影响他们，也要去做，直到问题得到妥善处理。在反对不健康的自恋时坚持自己的立场非常重要，尤其是对仍具有可塑性的年轻人。同时，你也要教会你的孩子学会识别和躲避自恋狂，以及分辨出同龄人中的自恋价值观。

如果是你自己的孩子表现出了不健康的自恋，你就需要识别哪些行为是不可接受的，但在实施干预之前，要先试着去理解这些行为的意义。如果你不了解孩子为什么这么做就下禁令，孩子会认为你是个独断专行、冷漠的人。相反地，你要帮助他们了解自己的感受并表达出来，与孩子相互理解，让孩子在你慈爱的陪伴下，不断塑造良好的行为习惯。这并不是找借口为孩子的问题行为进行开脱，而是帮助他们更好地进行自我认识和自我调控。如果孩子误入歧途，你可以告诉他们你很失望，但你仍然相信他们会改正错误。

假如，你的儿子在学校跟人打架，惹上了麻烦，试着帮他找出引发他怒火的原因。不管他的感受合不合理，只要这些感受对他而言很重要，就需要去深入挖掘。如果你已经读懂他的感受，可以问问他，如果回到当时的情景，他是否能够想出更好的办法来解决问题。让孩子知道，你认为表达合理的感受是可以的，但是不可以用打人的方式来表达。要尊重孩子的感受并给予他支持，让他能够彻底想清楚自己的问题并避免那些可以预见的恶果，比如休学。

或者，你的女儿还未完成作业就想去逛商场，你的阻止导致她暴跳如雷，这个时候，试着去了解一下她为什么这么着急出去，她打算什么时候完成作业。有时，十几岁的孩子对于在一定的时间内能完成多少事情并没有准确的概念，你要坚持让他们先完成作业。这可以教会他们两点：做事情要更现实一点，同时学会延迟满足。不要害怕设定规则，但一定要给孩子表达自己的机会，让他们在一个冷静且坚定的人面前，讲出自己内心的想法，这有助于他们发展品格，从而更现实地看问题。这个时候一定要控制住自己的怒气，不要去羞辱孩子，同时，还要注意与孩子真诚地进行沟通，在情感上支持他们。否则，孩子就会觉得你独断专行、过于冷漠，这通常会引发他们愤怒。如果孩子有这种反应，先反省一下你自己的行为，而不是盲目归咎于青春期旺盛的荷尔蒙。

要让孩子明白，破坏规则就得承担后果，孩子也不能例外。要通过与孩子共同制定与执行规则，来培养他们的公平意识，而不是仅凭父母身份强迫他们。但是，你不能放弃作为父母的角色，要让孩子知道你有权为这个家制定规则并且希望他遵守，你们共同商议制定规则，同时让他明白你会一直参与其中并监控他的行为。你一定要坚持执行，并且不到万不得已不要使用暴力。

策略四：培养互惠的关系

想要跟十几岁的孩子形成互惠关系很困难，因为他并不想接纳你进入他的世界里，除非有一些特殊或自私的原因。他们渴望有自己的独立空间，但同时家人也希望其能够参与到家庭生活中来，作为父母，你必须在二者之间做出平衡。请记住，如果孩子在青春期之前和你的关系很好，一旦正常的青春期自恋平息下来之后，你们之间的互惠关系就有可能恢复。

另一方面，如果你的孩子已经进入青春期，而且他的自恋问题已经存在很久了，可你却刚刚察觉，那你前面要走的路将会非常坎坷。你明确地表达出你对他的期望，而孩子很可能根本就不理睬或者因此而生气。你所做的这些，原本早在孩子学步期时就该开始了，因此你既要坚定又要有同理心，才能顺利应对青春期这个升级版的“烦人的两岁”。坚持下去——你的付出是值得的。

Why is it Always About YOU ? 金妮：一位好妈妈

金妮家有四个孩子，她排行老大，她的父母都是自私、苛刻的人，无法与孩子产生共情。他们不允许金妮有自己的想法，甚至不允许她有自己的情绪。自从她的弟弟们一出生，金妮就有事做了。她一放学就得为弟弟们热奶、换尿布，晚上还要给弟弟们讲故事，哄他们入睡。妈妈永远很累，她的不适一个接一个。爸爸是个严厉易怒的男人，稍不如意，就会立马暴跳如雷。金妮 16 岁时，她有幸每天下午和周末去镇里一家食品库工作，这让她能够接触家庭以外的世界。18 岁时她结了婚，想永远逃离自己的原生家庭。

然而，事情却不尽如人意。和她父母一样，她的丈夫把她控制得牢牢的。随着孩子一个接一个地出生，周围的环境开始变得跟原来一样。每个人都对她提要求，她每天都忙着满足别人。为了填补精神空虚，她只能努力把自己唯一擅长的事情做到最好，那就是照顾他人。金妮决定尽全力做一个最好的妈妈。

能让金妮确定自己是不是个好妈妈的方法，就是她的孩子们是否永远都开开心心的。所以她在照顾孩子们时非常紧张，随时准备安抚孩子的啼哭、牢骚或任何不快。最后，孩子们觉得只要他们不高兴，那就是妈妈的错，他们的爸爸也特别同意这一点。当孩子们进入青春期时，金妮的女儿变得极度缺乏安全感，她忍受不了妈妈离开自己的视线，她的儿子则变得易怒、懒惰、不合群。金妮发现孩子们非常不快乐，她充满内疚，苦不堪言。很明显，她最终还是一个糟糕的妈妈。

为了补偿，她加倍地对孩子们好。她给女儿当司机，没日没夜地陪着她；她给儿子买电子设备，放纵他的情绪。终于有一天，金妮崩溃了。她决定为自己去争取权力。她想让孩子们关心她的感情，希望孩子们能够感恩她所付出的时间和金钱，而不是理所当然地接受。大革命开始了。

她引导女儿去寻求妈妈以外的情感支持，让其多与同龄人相处，并学会自己的事情自己做。金妮学着对女儿说“不”，并给自己创造独立空间。起初，女儿黏着她不放、噘嘴、发脾气，但慢慢地，女儿开始离开安乐窝，并且从社交中获得了自信。再后来，女儿开始期待着跟朋友出去玩，甚至开始约会了。最后，女儿变得会体贴妈妈了，甚至还能与妈妈产生共情。

儿子的情况处理起来就困难一些。他不想按照妈妈的要求做事情，他希望妈妈继续像以前一样，不假思索地满足他所有的愿望。金妮开始和儿子讨论互惠的观点，这对儿子来说是个全新的概念。儿子一直都认为，金妮为别人做这么多事是因为自己喜欢做，而不是因为他们需要。“我们是一家人，出于关心，我们为彼此做事情”，金妮的儿子从未听到过这种话，他需要时间来改变有生以来与妈妈的相处模式。但是金妮已经认识到，要想做一位真正的好妈妈，她必须教儿子学会付出。

在自恋家庭里，有些人只付出，而有些人则只接受，很少有人既付出也接受。如果孩子的青春期自恋让你很难过，先问问你自己教给了孩子怎样的价值观，你给孩子树立了一个怎样的榜样。互惠是一种健康的态度，在教给孩子之前，你自己首先要相信它。

Why is it Always About YOU?

第 15 章

自恋和成瘾行为：以羞耻感为中介

羞耻，即频繁感觉自己很糟糕，是所有不健康自恋的根源，不管处在什么年龄、什么环境下，它都是人最不能忍受的感觉之一。通常，我们都会想尽办法让这种感觉尽快消失，而成瘾药品、酒精，或其他我们用来逃避现实的办法往往显得更快速有效。研究成瘾行为的专家普遍认为，正是长期的、频繁的羞耻感导致了成瘾和强迫行为，因而便将自恋和成瘾行为从情绪上联系起来了。不完美的感觉对于自恋狂来说是一种深深的伤害，因此他们会强烈地想要改变这一情绪体验。

Why is it Always About YOU? 击碎“糟糕的自我”

米奇一如既往地在门口脱下自己的鞋，避免磨坏妈妈的木地板。有时当家里没有人时，他会从门厅快速跑过，那里摆放着妈妈珍爱的古董桌子，桌子上的花儿插得井然有序。上帝啊，妈妈太关心那些讨厌的花了，就好像那些花是她的孩子或什么。她会花上几个小时来照料花园，然后喋喋不休地谈论着花肥和杀虫剂，这些都让米奇发疯。米奇想穿着长袜从玫瑰花和金鱼草丛中飞驰而过，在不撞碎放在大厅尽头那只老爷钟的情况下，看看自己能够与它靠得多近。米奇非常喜欢在背着包时玩这个游戏，尽管他知道自己可能随时毁掉妈妈那些心爱的东西。

但今晚不行了。“你迟到了。”爸爸从小屋里对着米奇咆哮道。米奇慢吞吞地走向爸爸，面无表情。“我都不知道自己为什么给你买手表，”爸爸开始了唠叨，“你都不看时间。”“我们在……”米奇刚开始解释，爸爸就像往常一样打断了他的话。“不要想着把责任推到你那些笨蛋朋友身上。”他一边咆哮，一边伸手去拿马提尼。米奇发现，这已经是爸爸喝的第四瓶酒了。那还是让这个老头子再朝自己发泄一会儿吧，反抗也没有任何意义，因为他喝了太多的伏特加和苦艾酒，头脑已经不清醒了。米奇试着把他的话当作耳旁风，爸爸吼了几分钟消气了。“滚出去，小废物，”他爸爸说，“睡觉去吧。”

上楼时，米奇撞见了妈妈，“哦，宝贝，你回来了，”她开心地对米奇笑着说，“快过来，告诉我你今晚都做什么了！”米奇叹了口气，跟着妈妈进了她的卧室，她一屁股坐到床上，拍拍身旁的位置，邀请米奇坐下。米奇很讨厌这种亲密的动作，她总是装作明白他所有的感受。米奇一直很小心，从不告诉妈妈自己的感受，因为他认为，一旦自己因为管不住嘴而泄露了任何事情，这些事情就会成为妈妈和她的闺蜜们下次聚会时闲聊的话题。妈妈喜欢告诉别人自己和儿子有多亲近，他们是如何的“无话”不谈。因为，只要她一谈论这些，社交的话题通常都会转向她。今晚，米奇不想再装模作样了，他试着不去看妈妈的眼睛，说道：“妈妈，我有点累了，我想直接去睡觉。”虽然看不见，但他能感觉到妈妈很失望，这让他的内心充满了难以承受的沉重感。

回到自己的房间，米奇打开音乐，关掉灯，四肢伸展地躺到床上。刚才和朋友们一起吸食大麻的亢奋已经消退了，他开始难受了，他知道如果不采取措施的话，他会失眠的，还可能会有其他更可怕的后果，会是什么呢？他不愿去想，也不愿知道，但他知道怎么做可以让自己感觉好些。他摸黑走向壁橱，取出放礼服鞋的盒子，几个月前他在那双从来不穿的牛皮鞋脚尖处藏了少量的镇静剂。他拿出一粒扔进嘴里，就着床头柜上一瓶跑了气的汽水吞了下去，然后重新躺到床上，等着疼痛感消失。

温暖酥软的感觉逐渐遍布全身，米奇想起八年级时他决定尝试大麻的那一天。他一直都准备好了“说不”，但当那一刻真正来临时，他感到有种难以克制的欲望。他知道有些孩子已经试过大麻了，似乎他们也并未因此遭遇任何恶果。可能那些吓人的故事不过是大人们的谎话罢了。他尝试了少许，很明显，世界末日并未因此降临。他偷偷摸摸地跟朋友们吸食大麻，一开始，他感到脑子里出现一些嗡嗡声，不久，他也开始享受大麻带给他的感觉——浑身酥软，但同时又让他感觉自己很强大，并有一种掌控感。这和他平时厌恶的笨拙和自我怀疑的感觉完全不同。神奇的是，米奇发现自己再也不会被糟糕的感觉困住了。他在不知不觉中睡着，一滴眼泪滴到枕头上，消失在他唯一可依靠的朋友的温暖怀抱中。

自恋狂家庭

从心理学上讲，瘾君子和自恋狂之间有许多共同之处，至少他们都来自问题家庭。培养瘾君子与培养自恋狂的教养方式很类似，其特点都是反复无常，很少或不设立界限，时而热切期望，时而发怒，这些都让孩子无所适从。不一致、不可靠或不值得信赖的父母，对孩子不能充分共情的父母，都无法保障孩子发展出健康的自我。

如果最初的照顾者，尤其是在分离结束后，不能对幼儿的情感进行安抚、消除他们的情感负担、使幼儿从沮丧中摆脱出来，就会影响他们的神经发育，并导致其无法很好地控制冲动和承受挫折。早期的社会剥夺和压力，似乎会导致大脑中控制激情的脑化学过程发生永久性改变。在大脑发育的高峰时期，即实践阶段开始和结束的时期（10 到 12 个月和 16 到 18 个月），如果没有得到共情关爱，幼儿大脑中的关键区域就会发育不良。

这些无法依靠自己控制激情的人，就有可能借助化学药物作为其“辅助控制器”。从本质上讲，他们的“温度”调节器出现了故障，导致其情绪温度过高。他们试着通过药物让自己冷静下来，借此修正幼儿时期未能恰当发育的、缺失了的神经通路。这些药物可以触发自恋幻想、激发自大感和全能感，这些能够将他们从羞耻和沮丧中释放出来。就像自恋狂躲避羞耻感一样，类似地，成瘾者也找到了一个方法来弥补大脑发育中的关键性缺失。

如果父母前后矛盾，或者缺少界限，或者总是忙于自己的事情而不陪伴孩子，也会影响孩子的道德发展，因为他们没能给孩子树立坚定的信念和关爱的榜样。无论这些孩子在童年时期拼凑了怎样的道德框架，到了青春期都会崩塌。这时药物既让他们感到解脱又给了他们快感，这是他们建立人生意义、目标和价值感的理想替代品。当孩子得不到父母的关爱时，他们就用成瘾药物来修复心理结构的创伤。

自恋狂和成瘾者共同的关键性缺陷

自恋狂和成瘾者有个共同的倾向，就是妄自尊大和全能感。专家们认为，成瘾者设法重新建立幼年时期那种没有界限且被人完美照顾的理想经历，如果他们在一段关系中受挫，那些难以控制的原发情绪就会爆发。当他们意识到自己的不完美时就会触发无法容忍的羞耻感。如果发现被其理想化的其他人，并不像其期望中那样伟大且无私，他们就会产生被抛弃和孤独的情绪。任何事情只要不是完全符合他们的意愿，对他们而言就是彻底的拒绝和否定。无论是自恋狂还是成瘾者，都无法以成熟健康的方式管理这些强烈的负面情绪。当他们内心关于自己和他人的理想化世界崩塌时，这种毁灭会引发自恋式的愤怒，甚至会导致其出现谋杀或自杀的行为。

与自恋狂一样，成瘾者通常想要彻底控制那些能够满足他们需求的人，而他们本身又很难信任其他人。成瘾者和自恋狂都是没有耐心、无法容忍延迟满足的人，这就使得他们为了追求即时的满足去寻求成瘾药物。这些药物让成瘾者无须做任何精神上的努力就得以满足。他们通过药物来缓解紧张、痛苦，以及由实际能力不足而带来的挫败感。自恋狂同样无法激活真实的自我，他们生活在一个假想的世界里。吸食药物让成瘾者回到那种大多数自恋狂所拥有的心理状态，即幼年时期那种可以掌控一切让自己舒服的感觉。

在分离 - 个体化过程中对麻醉物品的偏爱和依赖

在童年中期，那些导致成瘾和强迫行为的结构性缺陷往往处于潜伏状态，到了青春期时就会戏剧化地爆发出来。就像第 14 章中所讲的，青春期是一个自我同一性形成并巩固的时期。此时，那些来自成年榜样尤其是父母的，已经被内化了的态度、行为和价值观，会被分类、检验、整合或否定，从而形成一个成熟的、独立的自我。对于那些有原始结构性缺陷的人来说，青春期正常的焦虑、压抑和身体不适，都有可能令其难以承受，从而导致他们出现退行而不是成长。对于思想幼稚且充满好奇心的青少年来说，成瘾药品看起来非常诱人，使他们不需要主动把握和适应现实就可以缓解压力。

需要注意的是，成瘾者在提到吸食的成瘾药品时常常使用“情绪粮食”或“即时妈妈”这样的词汇。20 世纪 60 年代后期，研究者们开始研究由不同麻醉药品引起的“退行”，以识别出其与幼儿发展过程中某些特定阶段的相似度。在再现原发情绪状态方面，致幻剂、兴奋剂、麻醉剂各自都有其明显的效果。

例如，麦角酸二乙基酰胺（LSD）和类似的致幻剂能让人感觉自我界限感消失，并且引发人格融合、解体（一种失去自我的感觉）与错觉，而这些将改变人对身体形象、对自我与他人的感知。

有些人对这些体验感到焦虑，有些人则沉迷其中。药物带来的快感，使他们在幻觉中实现了与心爱之人的相聚与融合。这表明他们在尝试重新体验婴儿期那种被照料者全心全意照顾的感觉。

回想一下，在 18 月左右大的实践学步期，当妈妈暂时离开或无法回应时，孩子那种“低迷”的情绪状态——孩子似乎慢了下来，转向了自己的内心世界，对周遭环境极少做出回应，似乎是在保存能量。鸦片及其麻醉性的衍生品，比如海洛因，似乎能制造出一种类似低唤醒水平的、对外部现实参与较少的、幸福的餍足状态，有助于让人幻想自己是全能的，可以实现非凡梦想的和自我满足的。人们称这种吸食鸦片后的状态为“正在打盹”，它和早期的自恋状态类似。

麻醉剂和巴比妥酸盐也有减轻愤怒和攻击性的功能，也会驱散羞耻、孤独和焦虑等负面情绪。我们认为，这些都是“实践”阶段的孩子在妈妈不在场，害怕妈妈再也不会回来时会出现的情绪。

另一方面，安非他命、冰毒、可卡因，以及其他兴奋剂，带来的似乎是类似于孩子学步期时，当妈妈在眼前或随时准备好给予其回应时的那种活跃、有生气的行为举止。回想一下，“实践”阶段是狂妄自大、全能感十足的儿童自恋达到顶峰的阶段，等过了这个阶段空想就会向现实转变，而且学步期过后，孩子才会以自己的方式，将其羞耻感整合到初步形成的独立自主的自我意识当中。这些兴奋剂在降低判断力、准确度和增加意识疲倦的同时，提高了人的自信、自尊和对挫折的耐受感，而这些无异于学步期孩子的精力无限和无所畏惧的全能感。

某些人可能通过吸食可卡因——自大的自恋狂选择的成瘾药品——来维持已经过度活跃的生活方式，以支撑自己的自信，并掩盖潜在的抑郁。总的来说，兴奋剂能提供一种强烈的优越感、控制感、无敌感和无坚不摧的强大感，以对抗无价值感和无力感——掩盖在“实践”阶段孩子行为下面的也是如此。据说，在成瘾药品提供的所有退行性满足感中，自尊的提升以及得以重新创造一个退化了的、自恋性的自我满足状态，是最常见的。

在我们的文化中，大多数人的酗酒和吸食成瘾药品，都具有猎奇性、偶然性或娱乐性的特点。但是那些长期沉溺于此，并借此摆脱困扰、寻求失而复得的快乐的人，则属于另一个类别——他们是成瘾者。他们对情绪转换体验的强迫性需求，常常始于青春期，此时自恋问题浮出水面，迫使年轻人正视他自己真正的发展能力——或是说发展缺陷。那些早年深受自恋伤害的人往往会发现，自己并不具备内在“资源”以应对青春期大量的挑战。无论是选择成瘾药品和酒精，还是选择花样百出的强迫行为，来抵御他们那些势不可挡的情绪，调控情绪能力的缺失已将他们的自恋弱点和成瘾行为联系到了一起。

生存指南：应对你我的强迫行为

强迫和成瘾行为往往势不可挡，通常会在我们还没有意识到的时候，就已经严重影响了我们的生活。除了酒精、成瘾药品和食物以外，可能会让我们上瘾的还有感受（比如愤怒、激动甚至内疚）、思维（强迫思维）、活动（工作、赌博、强制性性行为、花钱和囤积物品）、受控于他人，甚至有人还会对重演受害或受伤经历上瘾。

按照成瘾问题研究专家约翰·布雷萧（John Bradshaw）的说法，任何导致“对生活造成毁灭性后果”和失去控制的行为，都可以被定义为成瘾或强迫行为。对于“对生活造成毁灭性后果”这一说法，他的定义是：威胁到一个人的健康、安全、生活、与他人的关系，或者他人的健康和安全。他还说，在成瘾/强迫困境中，有各种让人痛苦且具有讽刺意味的事情，失去控制是其中的一件。当我们尝试控制自己的成瘾和强迫行为时，我们不得不面对潜在的羞耻感。

如果你发现自己频繁感到疲惫、焦虑或生气，或者你无法与自己想接近的人相处，或者你感到自己骑虎难下，那么很有可能是强迫或成瘾行为在作祟。我们常常合理化这些行为，说这些行为都是必要的、有趣的，或是“没什么大不了的”，但事实上这些行为导致我们情感空虚，妨碍了亲密关系的建立。自恋狂的成瘾和强迫行为尤其根深蒂固、无法痊愈（情况多半都是如此），但他们认为这种行为在任何情况下都能够拯救他们的情绪，只有好处没有坏处，任何反对的声音都会激起他们的羞耻感与否定和愤怒的防御机制。心理学家欧托·康伯格（Otto Kernberg）认为，比起有其他人格障碍或没有人格缺陷的人，有自恋型人格的人最有可能出现成瘾行为，而且其预后情况要比其他人糟糕得多。如果你正在应付一个有成瘾或强迫行为的自恋狂，不管其是运动狂、购物狂、色魔、控制欲狂，还是真正的药物成瘾者，这都可能意味着你很难改变他们。如果你想解脱，你就不得不改变你自己。

策略一：了解自己

有些人很容易与有成瘾和强迫行为的人产生关系，且深陷其中难以自拔，他们被称为协同依赖者。这种人往往有其病态的自身原因，他们需要通过控制或照顾那些失去控制的人来获得满足。协同依赖也是一种上瘾行为，甚至有其自己的 12 步治疗步骤，叫匿名协同依赖治疗。任何 12 个步骤的第四步都是制作个人清单，也就是盘点自己的破坏性行为，估计一下破坏性行为是如何伤害自己和他人的。这是非常有启发作用和积极影响的。

如果你的父母、配偶或是生活中的其他重要他人，是有成瘾或强迫行为的自恋狂，那么在应对这段关系所带来的压力的同时，你自己也很可能染上强迫或成瘾行为。也许晚饭后你需要喝一两杯酒才能面对这个人；也许你沉迷于巧克力、薯片或冰淇淋，难以控制自己的体重；也许你投身公益活动，只是为了把精力转移到具有超凡意义的事情上，借此摆脱生活中的痛苦和空虚；也许你每参加一次社交活动都得买一双新鞋；也许你无法停止收集“玩具”——电子设备、运动用品、家具、汽车、艺术品，或是你爱好收集的任何东西；也许你强迫性地阅读、缝纫或打扫卫生，只是为了驱散生活中的不如意；也许你总是在期待能给你带来“快感”的下一份刺激，或下一段关系；也许你喜欢咖啡或喜欢抽烟。你不一定非得酗酒或吸食成瘾药品、厌食或贪食、嗜赌成性或成为 A 型工作狂，才会有强迫问题。任何被你用来改变你的情绪，使你无法正面解决所隐藏问题的行为，对于你——或你所爱的人——都是有害的，都是弊大于利的。

为了驱散糟糕的感觉你会怎么做呢？如果知道这些行为会伤害到你的孩子、你的配偶、你的好朋友，你能停下来吗？如果受伤害的是你自己呢？生活中有没有你想躲避或回避的事情——因为它难以克服或无法解决，又有哪些事情处于失控的状态呢？

策略二：拥抱现实

认识到问题是一回事，真正行动起来是另一回事。它需要警戒、自律及正视现实。正常人都倾向于选择顺其自然，但与之相反的是，警戒和自律会让人变得具有强迫性。我们需要现实地评估环境并制订切实可行的行动计划。如果你对成瘾药品、酒精或尼古丁上瘾，你迟早要放弃它们。但在大多数的其他成瘾和强迫行为中，这是一个建立平衡的问题。尝试过一种平衡的生活会让你感觉有所不同，你最好再制订一个计划来应对新出现的感觉。当你停止利用成瘾或强迫行为来改变情绪时，你不得不正视那些被你回避了的感受。是否能过上远离成瘾和强迫行为的生活，就取决于你能否妥善处理这些感受。

很多人发现，单靠自己无法处理这些情绪。除了专业的帮助，你还可以求助于解决各类不同问题的自助性小组和12步治疗步骤。你无论生活在哪里，都有可能在身边找到资源。你只需尝试一下，而无须做任何承诺，这对于更加健康、舒适、平衡的生活而言，已经是迈出了非常强有力的第一步。

策略三：设立界限

彻底摆脱自己的成瘾和强迫行为，尤其是当这些行为是在与一个有成瘾 / 强迫行为的自恋狂的关系中形成时，意味着你要离开这个人，从而不再受他的影响。想要真正恢复健康，你就需要放弃或从根本上调整一些关系，比如婚姻或家庭关系。为了改变你与某人的共舞方式，你可能需要客观地观察几个场次。暂时的休息，能够让你得以从不同的视角进行观察，以便发现自己是如何被卷入成瘾 / 强迫的探戈舞中去的。

与有成瘾 / 强迫行为的自恋狂之间设立界限，存在以下注意事项：

- 当面临自恋狂的劝诱时，请拒绝使用或滥用药物，或者拒绝跟随这样的人去那些将会使用或滥用这些药物的地方；
- 对于自恋狂想要的、却让你感到不舒服的性行为说不；
- 当自恋狂为了追求成瘾 / 强迫行为而向你借钱时，要拒绝；
- 对于因为他自己的成瘾 / 强迫行为而尝到恶果的人，不要去挽救；
- 任何对你而言少有或毫无价值，而你的加入只是为了迎合自恋狂的需要的活动，要拒绝过多地参与；
- 如果自恋狂因其自身的成瘾 / 强迫行为而对你施加虐待，要坚决反抗或进行自我保护；
- 坚定地保护自己和你照顾赡养的那些人，避免受到自恋狂成瘾 /

强迫行为的伤害，确认你实施了保护措施；

- 坚持为自己的利益争取时间和资源，不要理会自恋狂的反对；
- 当你感到被威胁、操纵或利用时，或者当你感觉如果不向自恋狂妥协、不满足他的要求他就会生气或发脾气时，不要向他妥协。

如果对成瘾/强迫的自恋狂说不，让你感觉很害怕或难以承受，你可能就需要考虑一下，继续这段关系对你而言是否为最好的选择。如果你无法靠自己离开这个关系，请寻求帮助。

策略四：培养互惠的关系

在一段有明显的成瘾/强迫行为的关系中，具有讽刺意味的是，双方通常是互惠的——以一种不健康的方式。当事人双方往往也无法清楚地意识到交换条件，但发现这个条件，似乎也不难。“潜规则”——当某个人遗漏或误解了某个不明显的线索，或者单方面改变了某个默认的“规则”就会造成问题——将两个有问题行为的人联系在一起，你满足我的成瘾/强迫行为，我也满足你并且守口如瓶。

然而，让人难过的是，在这种关系中永远没有真正的亲密，或者说，即使有也不会长久，因为某个人（往往是两个人）对维系这种关系感到焦虑。亲密是可以治愈成瘾/强迫关系及其行为的，但是，如果你无法忍受厨房的热度，你就只能待在厨房外面，从而无法享受厨房里已经准备好的经过爱心烹制和调味的健康的互惠关系。

Why is it
Always
About
YOU?

第 16 章

爱情中的自恋狂：融为一体的幻觉

自恋狂从来学不会依靠自己。除了幻想完美的自己、妒忌别人拥有自己所没有的、不承认自己害怕羞耻感以外，他们内心一无所有。他们没有可以用来与他人建立一段关系的真正的自我，但是他们急切需要另外一个人来填补他们的空虚，从而缓解焦虑。那个自愿成为自恋狂脆弱自我附庸的人就是一个理想的对象，自恋狂可以对其进行崇拜、贬低或二者兼施。自恋狂的门上应该写着这些字：

放弃自我，皆可入内。

融为一体的幻觉

在一段健康的、充满热情的关系中，双方都会像对待自己一样，非常看重彼此的独立存在。他们投身于爱情中，感受到的是收获而不是失去。当自我的界限逐渐消失时，他们与心仪的爱人相融合，跨越了孤独，同时又保持了彼此的人格独立。他们可以轻松地进出这种时刻，明白独立只会加强彼此间的结合，反之亦然。他们欣赏彼此真实的自我，也能容忍对方的缺点，且不会因为这些缺点而感到羞耻或愤怒。

这与融为一体的幻觉有着截然的区别，受自恋困扰的人误认为融为一体的幻觉就是爱情。当两个这样的人结合在一起时，其中一个人的目标——另一个人往往也是这样——就是完全彻底地合为一体。这种对自主人格的抹杀是为了服务于另一个人的自恋。从心理学意义上讲，在这种发生了变异的爱情中，他们不再是两个独立的人。两个热心于权力争夺的贫瘠灵魂融为一体，这正是病态的自恋导致的。

自恋更严重的一方，那个权力感、狂妄自大、自负、寻求赞赏、缺乏同理心或利用他人最明显的人，在通常情况下，往往是交往双方更有魅力、更能吸引别人（无论是正面还是负面）注意力的那个。不难发现，这个人的自我是这段关系的主导力量，他使另一个人的自我受到掩蔽。占统治地位的一方拥有并控制这个“未分化自我的集合体”，而另一个人则默许或欣然接受这种交往方式。

那个屈服于自恋狂暴君的人，简直就是个谜一样的存在。为什么会有人选择反复地、持久地把自己当作燃料，投身到另一个人自我膨胀的火焰中去，而且付出如此大的代价！为什么会有人为了所谓的“爱情”将自己牺牲得这么彻底！

简单地说，是因为他在早期的生活经历中，已经形成了自我埋没和自我贬低的个性。也许他有一个自恋狂父亲或母亲，其所习得的是，只有在满足那个人的需求时，才感觉到自己的价值。类似的关系反复重现，似乎为其提供了带来不同结局的可能性。他希望：“这一次，为了我自己，我要让他爱上我。”但这种事往往不会发生。

一个更深层的解释是，他在学会屈服的过程中，发现了如何在一个原本无能为力的情况下施加一些影响力，这让他获得了一种转瞬即逝的力量感和掌控感。通常，这一点点的力量感和掌控感，就足以支撑他的灵魂活下去。在一些极端的情况下，如果一个人曾被严重虐待，以至于产生了极大的自我憎恶，当他把自己完全交到一个他认为更有价值的人手里时，他甚至会有一种解脱感。

即使是健康的人也会为热烈的爱情所吞没，但是他们既能够跨越界限，也能够守住界限。健康的自恋指引他们去爱慕那个能反射出其理想的人，与他人形成既完整又独立的依附关系，并在很长的时间内保持一段爱情关系，而自恋狂只能在极其矛盾的状态下保持这种关系。健康的爱情中拥有利他主义的元素，将自我中心和自我牺牲结合到一起，关心爱人的情感和福祉，性爱远远不只是为了取乐——也是为了感激伴侣给予自己的爱情。

然而，对自恋狂来说，他们通过征服或战胜恋爱对象来获得满足感，消灭那个人的独立性，而以一个幻想中的“另一个我”取而代之。他们要找的是一个能反射出其自身重要性的人，并且这个人要能够接收他们倾泻的羞耻感和妒忌。对自恋狂来说，伴侣仅仅是他们调和自己的不同部分的一个工具，拿来放大自己的优点、摆脱自己的缺点。

对自恋狂来说，有用的人只有两种：一种是可以提升其自尊的人，另一种是他们可以贬低的人。提升自恋者的自尊有两种方式：崇拜他们或与其分享自己的资源优势，让他们沐浴在这个反射出来的光环下。那些接受自恋狂贬低的人，往往允许自恋狂通过投射来倾泻羞耻感，或允许其通过对比获得优越感。自恋狂的恋爱对象往往同时扮演这两个角色。如果你爱上了一个自恋狂，那么一定要做好如下准备：在永无止境崇拜他的同时，忍受他时不时的蔑视；相比你的爱，他对这些更感兴趣。

理想化自己的爱人很正常，但是对自恋狂来说，他的自我形象的维持需要其他人也以理想化的眼光看待他的爱情对象。为了实现这一目的，他必须选择一个漂亮、聪明、多才多艺的人，或是一个在众人眼里很独特的人。自恋狂自己不具备这些特点，所以希望征用对方这些让人羡慕的特质，通过“结盟”给自己“贴金”。

Why is it Always About YOU？

爱在云端：丹尼斯和克里斯蒂娜的故事

丹尼斯是一名英语文学教授，在所有的工作中，他最喜欢的就是讲课。他喜欢迟到，这样他就可以在众人瞩目之下登上讲台，在开始记笔记之前，学生们的目光会全部落在他身上，他非常享受这个时刻。

就是在一个这样的时刻，他第一次注意到克里斯蒂娜，她那灰白色的大眼睛和均匀的肤色，让他想起他所喜欢的书中的女主人公。她的美激起了他内心某种被压抑了许久的情感，很快他就决定对她展开追求。

他开始通过甜言蜜语展开攻势。她成了他唯一的听众，在他向她暗暗地大献殷勤时，其他学生都成了背景，他希望用自己不动声色的激情来打动她的心，并希望她也能表示出对他的好感。不久，正如他所期望的那样，她开始对他有所回应了。

到了春天，他们已经是一对情侣了，克里斯蒂娜符合了他所有的想象。她是完美的，而且他坚信，她是完完全全属于他的。拥有她让他感觉自己成了爱情小说中的男主角。

毕业后，克里斯蒂娜搬去与丹尼斯同住，尽管她拥有经济学的学位，但这完全不在他所设计的未来里。他计划等他得到终身职位，他们就结婚，然后在每七年一次的轮休假期间去英国度假，并在那时候要一个孩子。他计划写一本小说，而她就是他灵感的来源，她也会像他一样关注与这本小说有关的方方面面。在教师聚会上、在他为了炫耀其完美爱情而举办的小晚宴上，她令他所有的朋友都羡慕不已。有了克里斯蒂娜，他感觉自己遭到了英文系所有男人的妒忌。

尽管自恋狂希望别人妒忌自己的战利品，但他们意识不到自己有多么妒忌那个成为自己恋爱对象的人。从本质上来说，自恋狂都是求胜心切的人，当关系刚刚建立时，对方身上有很多特点吸引他们，但是渐渐地，这些特点却让他们相形见绌。不久以后，那个曾经给自己“贴金”、让自己有面子的人，就会变成一个威胁，他们必须通过撕碎那个人来重建自己。爱人身上任何让自恋狂爱慕的特点，也正是让自恋狂感到自身渺小的因素，因此他们必须要毁掉这些。妒忌导致蔑视，蔑视导致毁灭，最后留下自恋狂独自在追求完美的路上感受挫折和空虚。

与羞耻感一样，妒忌是一种自恋狂所无法容忍的龌龊的情绪。他们内心不愿承认自己有妒忌情绪，因而他们会通过把这种感觉强加到别人身上，从而让自己摆脱这种糟糕的感觉。大脑耍了个小小的把戏，叫作投射，那个被妒忌的人就成了这种不受欢迎的感觉的避难所，而无论在自己眼里还是世人眼里，自恋狂仍然是那个令人羡慕的人。用同样的办法，自恋狂把强烈的毁灭性的欲望投射到别人身上，并害怕周遭那些真实或其假想的妒忌。这些对现实的扭曲，让真正的亲密关系难以建立。

对自恋狂来说，所有的关系都是弱肉强食的利用关系。自己的脆弱会招致别人的利用。当有人依靠他们时，他们感觉自己像是被利用了，而害怕被人利用也使得他们不愿意去依靠别人。在他们看来，正常的互惠关系就像是他们被侵犯和利用了，所以他们坚持在任何关系中都要占上风。

Why is it Always About YOU? 克里斯蒂娜的自述

那是我大学四年级的时候，当时我已厌倦了经济学专业，考虑要修一门与本专业毫无关系的选修课。有朋友告诉我有位英文教授对经典名著的讲解很生动活泼。这听起来非常有趣，也是一个使我完成大学学业的好途径，让我在读 MBA 之前有机会提高一下文化修养。

但后来发生的事情让我非常意外。丹尼斯是那样迷人，坐在他的课堂上，我感觉像是中了魔咒，偌大的教室里好像只有我一个人，他好像只对我一个人讲话。然后，在某一刻，我意识到他正在以一种特殊的方式同我对话。为了下课后仍能留在教室里，我开始苦想冥思各种借口。我发现自己疯狂地爱上了他。我曾有过几段恋情，但丹尼斯是个真正的男人，他比我大十岁。在过去的恋情中，我并没有投入很多，因为我不想让任何事情干扰到我的学业，我早为自己规划好了学业和职业生涯。但当我爱上丹尼斯后，这一切都被抛到了九霄云外。

春天，我申请了研究生课程，但我烦恼极了。每当我试着跟丹尼斯讨论我的职业规划时，他就有点儿不愿说话。起初我想也许他一想到要和我分开就很难过，所以无法继续谈论这个话题。事实上，我一想到他这么在乎我，就感觉跟他更亲近了，所以我想我就耐心等待，静观其变，到时候我们再一块儿想办法。

毕业后，我搬去与他同住，大约一个月后我收到了纽约大学的录取通知。我太激动了，我想丹尼斯也会为我开心的，但是他表现得却冷漠极了，我永远忘不了他对我说的话："克里斯蒂娜，如果你拒绝了我的爱，你永远也不会知道你错过了怎样的幸福。再也不会有人像我这样深爱你。”这是原话。没有讨论，没有妥协，他让我自己选择。我思考了许久——我真的考虑了好久——然后我觉得他说的是对的。没有什么事业值得我舍弃我们的爱情。

从那一刻开始，他就完美地掌控了我的生活，而我竟然也允许自己如此轻易地被他收入囊中。当事情的发展符合他的计划时，我们的关系就好得难以置信，我们那么快乐；但是如果事情不如他所愿，那就是完全不同的局面了。他不像其他人那样仅仅是失望，看上去他真的很生气，而且这种状态能维持好几天，直到我想出能让他高兴起来的办法。自从我们的儿子出生以来，情况变得越来越糟糕。拜伦患有唇腭裂，有时我感觉丹尼斯把这件事归咎于我。我知道这听起来很疯狂——他仰慕我，但有时候我感觉他瞧不起我，就好像我没有他聪明或者其他什么原因。也许我还是应该去读研究生，这样他就会继续尊重我，我真的感到非常困惑。

克里斯蒂娜就是丹尼斯找到的完美的伴侣，她能完美地反射出他的伟大和全能，而且她完完全全受他掌握。当刚赢得她的爱时，他的自命不凡无限膨胀。丹尼斯的爱情就像一种毒品，持续的兴奋状态让他在这段恋爱中失去了自我怀疑的能力，同时也使他意识不到自己的缺点。想要保持这种陶醉状态，他必须能够控制住“自己最有价值的财产”。

自恋狂控制爱人的方法多种多样，不同的人面对不同的环境和机会，会有不同的表现。这些方法可能极尽恭维，打着爱情的旗号，看起来甜蜜而迷人；或者像挂在驴前面的胡萝卜，看得见却永远够不着，令人抓狂；或者时而谄媚奉承，时而又高高在上，并在这两种极端之间巧妙地切换；或者像即将喷发的火山，令人生畏。所有这些行径的目的都是持续剥夺爱人的独立自我，这就是融为一体的幻觉。

对自恋狂来说，选择一个仰视他们、认为他们与众不同、让他们自我感觉良好的人是很重要的。我们都希望自己所爱的人能重视我们，但实际上，自恋狂需要的则是一个每时每刻都能反射出他们自身价值的爱人。当我们所爱的人忽视或批评我们时，每个人都会感到失望、受伤甚至生气，这很正常，但是对自恋狂来说，却会导致其自尊心受挫进而暴跳如雷。自恋狂不允许爱人表达那些与其不同的感觉或观点。

通常，自恋狂都很狡猾，他们会选择一个在某方面有所欠缺或能力不足的恋爱对象，这样的人很容易被操控。但是，如果在自恋狂的眼中，这个人太窝囊、太差劲或实在毛病太多，其作为理想化对象的可能性就会大打折扣。通常，自恋狂解决这个问题的方式是，将恋爱对象身上好的与坏的方面割裂开来，将他们认为好的方面以某种方式保留下来，不好的方面则丢弃在一个小隔间里，而他们则可以随心所欲地开关小隔间的门。这一点很像幼儿最初看待他人的方式，即无法把他人看作一个既有优点也有缺点的综合体——在某个特定的时刻，某个人要么是个纯粹的好人，要么是个彻头彻尾的坏蛋。因此，自恋狂对恋爱对象的认知往往会在一瞬间发生改变。

由于无法同时看到爱人的优缺点，自恋狂会“忘却”或忽略他对这个人的贬低，却始终希望其不要辜负他理想化的期待，尤其是在公共场合，也不管自己是否已让对方非常难堪。如果自恋狂无法调动足够的幻想来维持其所必需的理想化，或无法放弃这种理想化，他就会舍弃这个恋爱对象，寻找另一个“不那么糟糕”的人。持续尊重一个奴化的人是很困难的，即便这个人是自己的奴隶。

花花公子和冷美人

自恋狂本质上都是最糟糕的恋人，他们总是自私地利用伴侣且丝毫不觉得愧疚。自恋狂男人的身体里，都隐藏着对女人深深的妒忌，他们害怕被女人拒绝或嘲笑。他们倾向于把伴侣物化为理想化的无性者（“纯洁的”修女或圣母），或者是他们可以有性无爱随意享用的对象（“被玷污”的修女或妓女）。相反，对那些在性爱方面拒绝他们的女人，他们也可能会非常温柔。许多自恋狂是“花花公子”式的人，只不过风格不同，有的暴虐，有的喜欢强迫，有的很孩子气。暴虐的花花公子会殴打或羞辱被其引诱上钩的女人，并以此为乐，“一夜情”之后抛弃对方，会让他感到如释重负。强迫型的花花公子则会在很多女人之间徘徊不定，努力寻找一个不会让他失望的女人。孩子气的花花公子就是个娘娘腔的大男孩，他们之所以能赢得女人的心，恰恰是因为其没有那些让某些女人感到威胁的雄性特征。

自恋狂女人往往冷酷无情，精于算计，无论对男人还是女人都充满敌意。只要那个倒霉的爱人不反抗，她就会一直利用他，但是如果这个爱人重拾自尊离她而去，她会变得非常生气并且怀恨在心，但她永远不会产生挫败感或愧疚感。而对有些自恋狂女人而言，每一个新的爱慕者最初在她们眼里都是完美的王子，但慢慢就蜕变成了青蛙，以至于她们再也提不起兴趣。

Why is it Always About YOU? 劳拉的火箭

劳拉欢快地走进房门，然后一屁股坐在沙发上，抱起破旧的靠垫，梦幻般地宣布："我想我恋爱了！"她兴奋地踢掉鞋子。她的室友贝丝问道："能不能请您告诉我是哪个傻瓜送上门来了？"

劳拉没有理会话中之刺，回答道："他叫大卫。我们已经在星巴克眉目传情一个多星期了，今天他终于开始行动了。他为我买了杯特浓拿铁，我们聊了好几个小时。你不会相信我们是多么地相像！他在南加州大学学习影视，他叔叔是个制片人，而且他也有做制片人的打算，大卫是，呃……那个人叫什么来着？就是那个来自西好莱坞竞选市议员的小伙子。不管怎样，我向他讲了我在市长竞选方面的差事和政治的内情。他告诉我他周末喜欢去攀岩，酷爱泰国食物。你知道吗，他养了拉布拉多寻回猎犬，还是两只！我是说，我们还能更像一点吗？哦，我有没有说，他有莱昂纳多的嘴，他说我长得像内芙·坎贝尔！这简直太完美了！”

贝丝心想，简直胡扯，在她与劳拉同住这套公寓的两年内，同样的剧情已经上演了大概五次了。第一幕都是如此：劳拉得意忘形地回到家，很确定自己遇到了爱情。在第二幕中，贝丝有机会见到了那个男人——是有些可取之处，但绝对不是劳拉口中描述的神一样的人物。剧情所勾画的浪漫史就像火箭发射一样，在臭氧层中的某个地方到达顶点，然后在第三幕里坠回地球。时间跨度通常是几个月，但有时大约几个星期就全结束了。整个故事中最不可思议的部分是劳拉总是毫发无损地走出“残骸”。无论怎么失望，只要逛一趟商场，在城里玩一晚上，在那些乡巴佬爱慕者面前炫耀一番，她就缓过来了。贝丝渐渐明白，就爱情而言，劳拉更感兴趣的是启动仪式而非过程，而她的伴侣也只不过是个过客。

不像劳拉那么爱冒险的自恋狂女性，往往与她们认为的“最好的”伴侣保持稳定的关系。而另外一些人，则会专情于得不到的恋爱对象，正是那份看似坚定不渝的追求，使其完美的形象得以永久保持，这样反而更有利于保护自恋狂，使其无须承担在真实恋爱关系中被看轻的风险。有时她们会让自己依附于非常有成就的自恋狂伴侣，深信是自己造就了伴侣的成功。

有些恋情是由一个外显型的自恋狂和一个隐藏型的自恋狂组成的。隐藏型的自恋狂不爱出风头，他的目的是寻找一个理想化的伴侣，并与之联结在一起，通过拥有一个优秀的伴侣来获得内心的安全感。在这种“外显－隐藏”的搭配中，实际上掌握控制权的是后者，他们满足爱人的自命不凡，为了通过渗透使自我得以膨胀。如果能够维持这种理想化和幻觉，这种关系就有可能持续下去，但一旦这种幻境照进残酷的现实，爱情就会破裂了。

Why is it Always About YOU？ 互相成全：贾斯汀和路易莎的爱情

在他们相遇时，贾斯汀是演奏会上一个前途无量的年轻小提琴家，路易莎正在当地一家专科院校学习销售。他爱慕她的美貌和优雅的举止，她则憧憬着将来有一天跟着他逃离这令人沮丧的世俗世界。在遇到他之前，路易莎全部的梦想就是成为一家高级商场的采购员。但现在她把命运的赌注押到贾斯汀身上了——他将周游世界，将闻名于世，她则会用自己的全部生命来帮助他梦想成真。她深信他拥有出众的才华，自从她第一眼看见他，她的世界就变大了，也更有意义了。

贾斯汀从没见过像路易莎这样的女孩，他的生命中曾有过很多女人，但在交往一段时间后，她们都让他感到厌烦。因为她们都很自私、苛求，不懂他的追求，不懂他那天才音乐家的优雅气质。

在贾斯汀的眼里，路易莎简直太迷人了。他喜欢她富有光泽的黑发、纤细的双手，喜欢她被他的笑话逗得捧腹大笑。她是他鲜有见过的能一直抓住他笑点的人，他俩像是在共享同一个大脑。还有，她热爱他的音乐，她会求他为她演奏，她会为他作的曲子而欢呼。她相信没有什么是他做不到的，他也感到，由于生命中有了她，他的世界充满了阳光。

贾斯汀认定自己前途无量，所以他无法忍受工作中的任何挫折，那些似乎都在挑战他的优越感。乐团里的同事发现他太自负，越来越难相处。尽管他比多数人都年轻，但他似乎希望所有人都能意识到他的与众不同。当乐团里首席小提琴手的位置安排给别人时，他拒绝参加排练，从而被立即开除了。

贾斯汀十分愤怒，路易莎则困惑不解，但路易莎认为这未尝不是一件好事，因为他可以从此成为一名独奏者。她不停地抚慰他，告诉他把这件事情看成重新规划职业生涯的契机。在他为成名做准备的时候，她可以赚钱支持他，并且她相信，这用不了多久。

几个星期过去了，几个月过去了，骄傲受到重挫的贾斯汀还在疗伤，所谓重新振作也不过是敷衍了事。他暗自神伤，酗酒而且睡到很晚才起，他只是偶尔给经纪公司打个电话，偶尔摸一摸被他遗弃的小提琴。路易莎试着鼓励他，但她的信心开始动摇了，她感觉到一种幻灭感正逐渐侵蚀着她。她开始失去耐心，但贾斯汀从未注意到这一点。

一天，贾斯汀独自待在家里，偶然发现了路易莎的日记，他毫不犹豫地开始翻看。他被读到的内容惊呆了。路易莎——他的路易莎——在向另一个男人倾诉衷肠！她爱上了一个被她称为灵魂伴侣的人。而且他们之间的关系已经有一段时间了，这意味着他马上就要失去她了。不可能！

从那天起，贾斯汀对路易莎的看法改变了。她从他为她搭建的舞台上摔了下来，完美的形象破碎了，就像《鹅妈妈童谣》里的矮胖子，再也拼凑不到一块了。当他面对她时，她试着消除他的疑虑，但很明显她的眼里也不再有光芒了。全结束了，贾斯汀悲哀地想，她跟其他女人终究还是没什么不同。

至于路易莎，她感到相当平静，她试着理解自己的感觉。是的，她痛恨贾斯汀让她失望，也为自己渴望得到另一个男人而愧疚，但是当把该说的话都说了，该做的事都做了以后，路易莎还是感觉空虚。“肯定还有很多更值得爱的人。”她发誓，下次自己的眼光一定要更高一点。

两个自恋狂的结合本质上就是不稳定的。任何现实的干扰，都会使得关系不稳定，引起长期的或间歇的矛盾、痛苦，有时向婚姻顾问咨询都能导致关系戏剧性地结束。

如果自恋狂能在这段关系之外找到支持，比如工作、家庭、朋友或其他让其感兴趣的事能让他保持振奋，那么施加到伴侣身上的压力将会减小。但当他在工作中遇挫，如面临失业或退休，或其他重要关系受损，或失去职位或报酬时，他就会对伴侣有更多的要求，要求伴侣帮他重拾信心。

在生命的长河中，为生活中的难题寻找理想的解决方式，以及为了自我实现而努力，这些都是人类的本性，追求健康的恋情也是如此。就像幼儿早期的自恋只是短暂的过渡状态一样，自恋式的关系也是通往成熟爱情路上的一个驿站。但要搞清楚是否继续，何时继续，如何继续却是最困难的。

生存指南：当你爱上一个自恋狂

是什么让我们爱上一个自恋狂？其中一个原因是，他们真的“很特别”，尽管不一定是他们自己所喜欢的那种特别。他们对理想化幻觉的追求，就像是围绕平淡无奇的现实世界，织了一张神奇的大网，唤醒了你对魅力和刺激的需求。当他们因为渴望得到别人的羡慕而取悦你时，感觉确实像真爱。在有些情况下，他们的自大似乎能填补你生命中的缺失。如果你的自尊有些不坚定，那些看似很自信的人很容易就能给你留下深刻的印象，即使是他们的自负对你也很有吸引力。哦，能被这样一个神一样的人钟情是多么令人陶醉啊！至少短时间内会是这样。

充满激情的爱情令人痴迷，使人渴望与对方结合，并给人带来自大和全能的感觉，看起来充满了自恋的因素，以至于我们很难区分哪些是正常的兴奋，哪些不是。如果我爱的人不是每次都能理解我或把我的需求放在第一位，这是不是意味着他没有同理心或很自私？如果对方总是希望我做那些我不是特别想做的事情，是不是意味着我被虐待或利用了？我想被他控制有错吗？不，不，不是这样的。那么我怎样才能知道我的爱情是健康的还是自恋式的？

一段本质上自恋的关系，其核心要素是融为一体的幻觉——幻想我们完全且永远是或应该是合为一体不可分离的。在这种关系中，处处存在着妒忌，同时没有人会尊重界限，因为从一开始就不存在界限。权力的不对等也很普遍，总是一方占领统治地位，另一方处在从属地位，虽然也时不时地互换角色，但这并不意味着这段关系就是互惠关系了，因为这其中并不存在真正的亲密。如果以上任何一项让你感到很熟悉，且让你很不舒服，那么就要考虑一下，如何将下面这些生存策略运用到你的爱情中去了。

策略一：了解自己

我们早年爱与被爱的经历，会在我们的生命中不断重演，对爱的向往会召唤我们重回那些蹒跚学步时、与完美而强大的妈妈相依恋的日子。自我在其发展的每一个阶段（共生阶段、实践阶段、恢复关系阶段）都会塑造我们对自己和其他人的知觉，这决定了我们会爱上谁，以及以何种方式爱上他。如果童年时期我们与一个培养了我们自主性的人形成了安全型依恋，我们就会选择一个与之相同的人做伴侣，不需要靠幻想来维持爱情。但是如果我们的自主性发展受挫，在分离 – 个体化阶段停滞，我们就可能会找一位个人界限同样模糊的人，再次经历融为一体、自大、全能的过程。

对我们当中的有些人来说，共生阶段——即第一次从心理上与妈妈融为一体的阶段——根本不幸福。一方面，如果妈妈在这个阶段对我们的需求不能及时满足，我们就会发现自己既渴望爱，却又不希望爱真正降临。另一方面，如果妈妈过度干涉，我们就会习惯性地保卫自己的边界不受任何人，包括那些怀有善意的人侵犯。在这些不良亲子关系中成长起来的人眼中，去爱别人就意味着无法得到爱，而接受别人的爱则意味着自己被吞并和淹没。只有幻想的爱、内设防火墙的爱或单相思看上去才足够安全。自恋狂看似一个能满足我们低预期的好伴侣。

如果你的父母有一方或者双方都是自恋狂，那么很有可能你的恋情具有明显的自恋色彩。这一遗传特征会通过下列方式影响你。

- 你会很快或频繁坠入爱河，或者完全相反，你害怕让别人接近你，因为你害怕被利用或被拒绝。
- 似乎只有“完美的爱情”才足够安全或刺激，或者，你会走向另一个极端，经常选择不合适的或根本不负责任的伴侣。
- 当你了解伴侣一段时间，最初的浪漫感觉消失后，你就会发现你爱的人有许多缺点或变得很难相处。
- 你从没恋爱过，无法想象那会是什么感觉，或者正好相反，你无法停止从你在乎的人那里索取爱。
- 在一段亲密关系中，你无法做到付出或接受。
- 为了让自己感觉良好，你需要理想化你爱的人，或者贬低你爱的人。
- 让你向自己爱的人道歉很困难，或者正好相反，你俩之间发生的任何不愉快，你都归咎于自己。
- 在爱情中你总是感到受伤或失望。

请记住一点，没有谁的童年是完美的，我们都在亲密关系中时不时地经历冲突。但是如果你感觉自己在一段亲密关系中正在失去自我，或无法识别出另一个人的需求和权力，或者你对界限感到害怕或困惑，你可能就需要试着找出自己以及这段关系存在什么问题以至于引发了不健康的自恋。如果可能，请让伴侣也加入对问题的探索中来，敞开心扉共同探索，这未尝不是一个好兆头。克服不健康自恋的最好方法，就是建立良性的恋爱关系——彼此尊重，相互理解，恰当共情。

策略二：拥抱现实

准确地评估自己、伴侣以及你们的关系的优点和弱点，是你克服不健康自恋最好的工具。回顾一下你对于完美的任何需要，并看看伴侣做了哪些扭曲现实的事情让一切变得不真实。做这件事情会令人痛苦也会有困难，因为你必须从融为一体的幻觉中脱离出来——不管融为一体的幻觉已占据了你们关系中多大的部分。实际上，你是在重历幼年时期的那个发展阶段。在那个阶段，你开始把自己和依恋对象看作既有优点又有缺点的人，即完整的、复杂的、根本就不完美的人。如果在做这件事时，你没有遇到难以承受的愤怒或羞耻，那么这是个好兆头。

很多人害怕失去一段恋爱关系中的理想化色彩。神秘感建立在隐藏瑕疵、否认缺点、掩饰不愉快真相的基础上。如果没有了这种神秘感，很多人就会觉得难以继续保持爱情的活力了。他们需要建构并维持一个幻想中的世界，使他们的爱情免受残酷现实的打击。如果这是你的爱情理念，你可能需要巨大的勇气去检验这一假说——你希望获得的是“做自己”的自由，希望别人爱真实的你，包容你的缺点和一切。健康的爱人能够将他们所爱之人的独特的、真正的特点理想化，同时也能充分认识到所爱之人同样真实的缺点。他们不期待完美，不期待爱人能够完全满足自己的需求，或完美地遵从自己的愿望。反而，他们很享受爱人挑战自己的方式，享受与一个真正独立的人互动所带来的充实感。

策略三：设立界限

良好的自我界限是独立和情绪强大的标志，评估一下你和伴侣关系的健康程度，考虑以下的界限问题，以及你和伴侣是如何沟通彼此之间的差异的，然后对你们恋爱关系的健康程度做出评价。

- 你们如何利用各自的时间、如何与各自的朋友交往以及如何培养各自的兴趣爱好。
- 关于如何利用闲暇时间，你们是怎样做决定的？
- 在这段关系中是否存在隐私，或者你们私拆彼此的信件吗？是否翻看彼此的钱包或皮夹，或者不经同意就翻看彼此的口袋吗？你们偷听彼此的电话或偷看彼此的电子邮件吗？
- 你们可以有自己的想法、情绪或其他私人经历，而且除非出于自愿，否则无须向对方解释或说明吗？
- 你们之间是否可以有意见不一致，而且彼此不会感到受伤或愤怒？
- 当你坚持或强烈要求建立此类界限时，发生了什么——或者你认为会发生什么。当你提出这种要求时，你是否害怕会招致对方的愤怒或羞辱，或报复。你的伴侣会以尊重的态度倾听你，并做出回应吗？

所有夫妻都必须磨合出让双方都舒服的界限。你们是如何处理彼此之间的差异的，是尊重与和解，还是操纵与愤怒？这能够测量出你们关系中不健康自恋的程度。如果界限冲突是不舒服的源头，那就要思考一下是不是自恋在作祟。

在有些不健康的关系中，界限非常僵化——两个人和平共处，各自活在自己独立的世界中，从不融合，更别说保持深层次的亲密感。当你需要对方注意你时，你能得到对方的关注吗？你们愿意为对方的幸福做出牺牲吗？你们的性生活是令人满意的，还是呆板的、敷衍了事的？即使那个人就在你身边，你还是会常常感到孤独吗？当两个非常自私的人为了互相利用而进入一段关系中时，“爱”可能会带有“自我扩张”的色彩，比如，这种相互依附能够带来财富或社会利益，以及与众不同的幻觉。在这种情况下，他们没有融为一体的幻觉，只有深深的抗拒，害怕热恋的火焰会征服自己并产生伤害。

策略四：培养互惠的关系

成熟爱情的标志是互惠关系，两个人像关心自己那样关心对方。相比之下，自恋狂所谓的爱并不具备这一特点，他们的一切都围绕自己。在自恋狂的爱情中，为了支撑一个人脆弱的自我意识，就要吞噬另一个人的自我，没有两个人共同的自我提升，只有单方面的自我膨胀。

互惠关系关乎给予和接受。自恋狂可能也认为自己是给予者，但他们只给予自己愿意给予的。这是自私的给予，他们意识不到别人想要什么或需要什么，这其实是一种形式更复杂的接受，是自欺欺人，是自我的扩张。如果一个人始终认为另一个人的真正需求太奢侈或不现实，并一直回以厌烦、疏离或轻蔑，他们之间就不存在互惠。相反，那些低自尊、不习惯提要求或接受的人，也在为不平衡的自恋式爱情添砖加瓦。互惠关系要求双方的自我是对等的。

真正的互惠关系还需要相互信任。如果你在亲密关系中做到这一点有困难，那么试试看能不能在一个朋友或家庭成员——一个让你感觉安全的人——面前放下警惕。一旦体验到既给予又接受是什么感觉，你就有可能把这一经验运用到恋爱关系中去。但是，要想成功，你必须选择一个非自恋的伴侣。你要全心去爱，但同时要保持自我。

Why is it
Always
About
YOU?

第 17 章 工作中的自恋狂：滥用职权

最成功的自恋狂往往都需要一块领地，无论这块领地是一家大公司、一个小部门，还是一次集会——实际上小到家庭，大到整个国家，任何地方都可能成为他的那块领地。不只是富人和名流阶层，在各种规模的小企业、工作环境和亲属圈中也充满了自恋狂。权力是羞耻感最完美的解药，在自恋狂看来，权力本来就是他们的应得之物。他们从来不会纠结于利己还是利他，因此只有天分不足或缺少抱负，才能够限制得住他们。然而，自恋狂认为，自己必须非常警惕那些充满妒忌的竞争者，以保护好自己的领地。观察一下自恋狂，看看他是如何保持控制力的——不仅仅是控制住他自己的势力范围，还要控制住那些常常会从内心里冒出来的，令人恐怖的无力感、羞耻感、妒忌和空虚。你如果加入了他的游戏，就要清楚自己将会面临什么。

掌权的自恋狂的八个特征

晋升到组织的最高职位、创办企业、赢得选举、在任何市场竞争中获得有利地位，这些都需要一个人有健康的自恋，无论遇到什么样的挫折和阻碍，都能够向着认定的目标，自信地、持之以恒地施展自己的才华和技能。然而，即使缺少了健康的自恋，不健康的自恋往往也能做得很好。但是，如果掌握权力的人在情绪上还是个孩子，工作环境就会变得有毒。害怕、不信任、耗竭感会让每个人的生活都很悲惨，既干扰士气又破坏生产力。想一想你在某份工作中所有过的经历，谁是那个有权力的人，而权力又是如何被使用的，你受到了怎样的影响。如果你感到紧张、生气或不堪重负，问问你自己，以下哪一条符合你的领导。

1. 缺乏人际间的界限

对自恋狂来说，他们渴望一种与那些对他们而言有利可图之人融为一体的平衡状态。不管是有意要破坏你的自主性，还是仅仅忽视了你的独立存在，自恋狂这种融为一体的倾向意味着他不仅期望你做他想让你做的事，而且期望你知道他的期望是什么，并使他的期望成为你自己的期望，而且——这很重要——你还得能够满足他的这个期望。就好像你必须住在自恋狂的大脑里，共享他的想法和感觉，并且能够做到甚至连他都做不到的事情。哪怕有一点达不到他的要求，都是在冒犯他应有的权力，妨碍他对完美自我的追求。

如果自恋狂对你有所图，你就变成了他的自我的延伸，就像是他额外长出的一条胳膊。他可能会奉承你、贿赂你，或者从其他方面引诱你，让你落入他织好的网里。如果他对你早已拥有了控制权，他可能会羞辱或操纵你，以便将你牢牢握在手心。他的目的是消灭你们之间的界限，完全拥有你。在他看来，独立性将会是威胁，因此会反复入侵你的个人界限。这种人会向你宣扬工作场所“就像一个家庭”，他想知道你个人生活的细节、你的健康状况以及你工作之外的关系。对下属进行性骚扰、发展办公室恋情或让员工在周末帮忙带孩子等鼓励“双层关系”的人，他们的核心病理通常都是自恋。他们将个人界限视为夺得完整控制权的障碍，所以经常破坏个人界限。当你意识到某人缺乏人际界限时，你就已经在面对一个真正的自恋狂了。要小心。

Why is it Always About YOU? 贝琳达的故事

贝琳达是个聪明而迷人的年轻姑娘，在一家小型广告公司工作，她来接受治疗是因为一次相当不寻常的评价：在一次绩效评估中，老板对其的评价是“不果断”，出于“对她情感健康的关心”，老板建议她寻求心理治疗。他们跟她说：“我们真的很喜欢你，但我们担心你的不果断会影响你对顾客的服务。”他们并没有有力证据证明这是事实；相反，贝琳达对待他人需求时的一丝不苟和全心全意，使得她在客户中非常受欢迎。但是他们看不到这一点。

尽管如此，贝琳达还是被老板的意见摧毁了，老板认为她冷静的举止和谨慎的言辞在某种程度上已经证明她的缺陷非常严重了，必须进行治疗。当她来到治疗室时，她已经被自我怀疑折磨得疲惫不堪，吃不下，睡不着，已经出现了抑郁的症状。

毫无疑问，看起来贝琳达能清楚无误地讲述自己的感受，在她的成长经历中也并没有什么事会导致她自卑，进而导致她产生不果断的问题。她来自一个和谐完整的家庭，家里有三个孩子，她排行老大，从小到大她做什么事都很成功，而且很明显她对自己和自己的成就都感觉良好。不管怎么说，虽然她并没有过田园般的生活，虽然她年轻时犯过一些错误，但总的来说，她过的是一个健康的、正常的成年人的生活。她最大的问题就是她的工作。

贝琳达就职的那家小公司是界限糟糕的典范，公司有两个合伙人，一男一女，他们把公司经营得就像一家夫妻店。那个男人的妹妹是七个雇员之一，她的好朋友也在这里工作，并且正在与女老板的前夫谈恋爱。混乱的员工关系导致这个工作环境很不安全，在这种环境中贝琳达无法信任任何人。两个老板喜欢把自己看成慈爱的父母，但实际上他们经常是不可理喻的暴君，当事与愿违或事情太多无法处理时，他们很容易发脾气和陷入消沉。且不说健康与否，贝琳达很本能的反应，就是用职业化这个保护壳将自己保护起来，也就是这一点冒犯了公司自身的"家庭"形象。贝琳达刚开始与同事们接触几个小时后，大家就希望她融入他们当中，还不停地探查一些有关她预约就诊、和男友的关系等问题。她的沉默寡言被诊断为"办事不果断"，他们打着"关心"的旗号来质问她。

当贝琳达意识到，出问题的是她的工作环境而不是她自己时，她的情绪好转了。通过治疗，她更加巩固了自己的个人界限，并把那些负面投射打回本应属于它们的地方。她开始把老板们视为坏孩子，对他们讲话时平缓而坚定，就像对孩子说话一样。找回自我后，她重新找了一份工作。

2. 倾泻羞耻和找替罪羊

在贝琳达的工作环境里，除了缺乏界限，还有很严重的倾泻羞耻和找替罪羊的现象。实际上，正是这一点才引发了贝琳达的抑郁症状，她一贯的自信心被那不怎么高明的暗示——暗示她是有缺陷的人所侵蚀，最终导致她无法正常工作。且不说这根本就错得离谱，问题是这种奇怪的想法到底从哪里来的？

我们只能猜测一下她那两个老板的想法，他们那显而易见的、有害的自恋特征表明，他们正在把自己无法容忍的羞耻感投射到贝琳达身上，卸掉羞耻感以保护他们那脆弱的自我。那么是什么触发了这些感受？也许贝琳达的某个账目有点小问题，在他们眼中，这会让他们或公司看起来很糟糕。如果贝琳达业务扩展得不够大，或因未能得到充足的援助，而错过了最后期限，就有必要找一个借口让他们看起来不是那么糟糕。如果直接指责贝琳达可能会适得其反，但是如果表达一下对她能力的怀疑，就是一种非常微妙的打击手段了，还会让他们看起来像“好父母”。更有可能的是，贝琳达身上那种平静的自信——在他们的频繁发怒和缺乏自控面前——让他们感觉自己很差劲，所以他们必须粉碎她的自信，将贝琳达的沉着冷静变成缺陷，他们自己的情感爆发就变成了果断。通过牺牲贝琳达，他们恢复了自己的优越感。毫无疑问，这种扭曲就是自恋过程的标志，它会把受害的一方逼疯。

找替罪羊则是一个类似的过程。某个特定的员工成了倾泻羞耻的垃圾桶和整个团队的羞耻感调节器。这个人通常已经习惯了充当这种角色，可能在原生家庭中就是如此。你可能会不由自主地感觉惊讶：如果这个人这么无能，为什么不直接解雇他。答案是，在一个满载羞耻感的环境中，这种人发挥着至关重要的作用——在他面前，每个人都很有优越感。

3. 宏伟蓝图

很多老板都用鼓舞人心的言辞和崇高的目标，来鼓舞和激励员工，但是在一个有害的环境里，这种“宏伟蓝图”的来源，往往是自恋狂领导的个人野心——通过鞭策下属狂热地工作，使其完美的幻想得以成真。在这种工作场所，人们的私生活也被征用来为伟大的梦想服务，超长的工作时间、牺牲周末和假期、带病上班的现象，在这里司空见惯。而下属这么做，并不只是因为害怕失去工作，还因为在实现幻想的过程中，自己所扮演的角色填补了自身生活的空虚。自恋狂的幻想之网，将那些内心贫瘠的人俘获其中。

这不仅仅是为了满足完成工作的需要，因为工作本身的性质，已经被自恋狂领导用完美主义的术语重新定义过，从而成了是否胜任的新标准。这已经不再是能达到期望值时，那种自我感觉良好的问题了，而是当你达不到时，会感觉非常糟糕的问题。自恋狂为工作设立了标准，谁不符合标准，谁就会感到羞愧。

4．对有用之人的理想化

你有没有想过，有些人是如何变得“耀眼”的？他们或许看起来很平凡，但出于某种原因，他们获得了过多的好处——褒奖、晋升，时间安排上的特殊待遇，更大的办公室或更好的家具，或是其他象征组织内身份地位的东西。

在一个自恋的环境里，你无须做很深的研究，只要看看当权者就行了——看看当权者是如何将一块朽木雕琢成器的。答案一定是这样的，那个受到器重的人，在某种程度上可以让老板看起来或感觉充满活力。那个谦虚而娴熟的秘书已经成了老板的私人助理或密友，她是老板在现实中或幻想中的爱慕对象，或是有特殊本领能够抚慰老板受挫的心或让老板感觉很骄傲。一名不起眼的一线员工被提拔为中层管理人员，被选中的理由恰恰是她的平庸，她接近“王位”，但却对“国王”的权力没有任何威胁。有关对某人的“业绩表现”给予的提拔，往往会招来纷纷议论，引起那些被忽略了的同事们大量的妒忌和轻蔑，因为他们发现“皇帝的宠臣”根本就没什么本事。

然而，一定不要低估了这类“王储”的能量。他们可能永远得不到“王位”，但只有“国王”一人有能力让他们失宠。他们的地位纯粹依赖于他们对主子的用处，他们可能被随意牺牲掉，也可能得到无尽的关照。其中有些人成了自恋狂的附属品，在整个职业生涯中都跟随着自恋狂调换工作。不管你认不认可他们的优点，给予他们尊重都是一种智慧的做法。

5. 无耻的利用

自恋狂领导最典型的特点就是一心一意地追求权力和与众不同，而且他们感觉自己有权得到这些。只要有需要，欺骗、歪曲事实、诱惑是他们惯常使用的工具，而且他们从不觉得良心不安。唯一让他们感到羞耻的就是失败，除此之外，没有什么可以挡住自恋狂的路，更别说对下属的同情。冷酷无情和情感分裂往往被掩盖在礼貌和虚情假意的外衣之下，但在某些组织的次文化里，大胆的言行本身就是荣耀的象征。在这种环境里，什么事情都可能发生，下属可以被无情地利用，只要做了什么让领导感到失望或泄气的事，就可以被随便指责，一旦没用了，立马就会被踢走。在这里，老板把员工一直压榨到崩溃，然后一脚踢开，这种事情经常发生，它甚至有个专有名词叫“橡皮筋管理”。

这一切造就了一个充满恐惧和不信任的环境。在最坏的情况下，偏执狂都能成为一个好的评价。最危险的事情是，这种冷酷的环境，正在悄悄地腐蚀被利用者的自我价值感。当你被驱赶入自恋的火焰中消耗殆尽最终被丢弃时，你就会发现，你奉献的不仅仅是私人生活的时间，还有你的自信、你的快乐和情绪能量。

6. 从兴高采烈到勃然大怒的情绪过山车

有些自恋狂领导是控制情绪的典范，而另一些其自我控制情绪的能力只有两岁的水平。这种易变的倾向与他们的身份——备受瞩目的行业或高新技术行业的领导，所谓的“一群不遵守规则的人”——有关，但是本质性的自恋狂缺点，并不会随着人的长大而自然而然地消失。实际上，随着年龄的增长和权力的扩张，这类人的自恋可能越来越根深蒂固；随着权力越来越稳固，情绪化的自恋狂可能会进一步隔离羞耻感，而这恰恰是不良行为的主要调节器。你的权力越大，你就越有可能变得如此。

有些表现糟糕的领导，可能从他人那里博得同情，而这些人会错误地认为领导的情绪不稳是由压力造成的。尖叫、生气、心理战、狂躁式的兴奋这些喜怒无常的自恋狂领导的典型特征，能时不时把人逼向绝境，这往往与他们幼稚的性格关系更大，而不是压力太大。这种人永远也学不会让自己冷静，他们不切实际的期待和控制欲，让他们一直处于躁动的状态。

如果你自己和其他人都认为，你们必须处处小心翼翼，以免踩雷，那就要想想是不是有隐藏的自恋狂，并相应调整你自己的反应。

7. 妒忌

在某个特定的组织里，妒忌，不管是公开的还是隐蔽的，其程度是一个评价权力结构中自恋水平很好的标准。妒忌植根于学步期全能感的崩塌——突然痛苦地意识到自己不具有爸爸妈妈所拥有的能量。在潜意识里，善妒的人希望掠夺或破坏引起他们自卑感的东西。在权力不平衡的关系中，妒忌是很普遍的感觉，它是很多盛行说长道短、背后诽谤、溜须拍马的工作环境中暗藏的情绪触发器。

妒忌也是自恋狂普遍具有的一种感受，他们对潜在的权力转移非常敏感。人们往往通过贬损他人或在竞争中占上风，来表达他们的妒忌，但妒忌也可能驱使人去过度赞扬别人。通过表现出鄙视，善妒的人贬低那些让他们感到自惭形秽的事情。通过鄙视，他们去努力捕捉自己渴望得到的东西，以牺牲另一个人为代价来提升自己的地位。虚伪的赞扬是避免让自己和他人感觉到蔑视情绪的一种方式，同时回避自己产生由妒忌引起的羞耻感。所有的这些表现，都透露出一个人的妒忌，也有可能是自恋。

过度赞扬还有另外一层意思。因为意识到自己的妒忌情绪会引发羞耻感，所以自恋狂就将妒忌投射到别人身上，并认为别人会因此感到害怕。“我不妒忌他，是他妒忌我，我最好奉承奉承他，不然他会找我的碴儿。”赞扬是一种用来收买潜在对手的方式，为了避免来自他们的报复。从心理学角度讲，这是一种复杂的双人舞，但从旁观者的角度看，这就是阿谀奉承。当你看到一个掌权的自恋狂有这种谄媚的行为时，那就是妒忌在其中起作用。

自恋狂领导对其所喜爱对象的理想化，以及喜欢批评、责备、找替罪羊的倾向，也会在下属之间制造妒忌的气氛。虽然过高的期望和对回报的承诺听起来遥不可及，但仍然能在各个层级之间刺激竞争意识，让每个人都感到焦虑，害怕自己“表现不好”。

8. 寻求崇拜

妒忌的另一端，则是自恋狂领导对于得到崇拜的渴望，为了满足其对自恋的需求。要求员工吹捧自己，反映了领导出现了不安全感，这种时候一定要巧妙处理，以防领导发现他自己暴露了弱点。那些阿谀奉承的人，凭直觉就知道什么时候需要说一句“太棒了”。大体来讲，自恋狂的权力地位越安全，就越不会在下属间寻求赞扬，但是在聪明的人看来，一个人一感觉泄气就发脾气，便能说明一切。另一方面，没有安全感的领导真的让人感觉很累，似乎下属的全职工作就是吹捧他，还不能让他感到羞耻。在任何情况下，适时的恭维或表达感激，总是能打动自恋狂老板的心。

落网：自恋狂如何诱惑我们

生活有时会有些单调无聊，有些平淡无奇。当你已很长一段时间没感到兴奋或有活力时，没有什么能比小小的自恋更能让你振作起来了。

自恋狂是那种确信自己与众不同的人，往往能散发出特殊的魅力，让他人也受到鼓舞，至少刚开始时是这样的。当他们的光芒照耀到你身上时，哪怕只有短暂的一瞬间，你也会带着满心欢喜离开，感到大受启发，或难以言说的振奋。你浑身就像是被施了魔法，感觉生活也变得明朗了起来。

然而，只有当他们想从你这里得到点什么时，才可能发生这样的事。如果你对他们没用，他们就看不到你的存在。即使你不是真的在意那个人，你也会感到痛苦，因为你看到那种光芒洒到别人身上去了，你感觉自己被留在了光圈外面，这让你感觉很受挫。

笼罩在自恋狂周围的光环，往往会引发妒忌和竞争。在某种程度上，不管你喜欢不喜欢那个人，你都希望能融入他的圈子里。受挫的经历和被激励的可能（如果你能以某种积极的方式吸引自恋狂的注意力），都是在不请自来的情况下进入了你的生活的。仅仅通过操纵别人振奋和泄气的过程，自恋狂就有能力制造这种气氛。即使你选择不参与或不回应，你也会情不自禁地感受它。下次你再有机会和疑似自恋狂的人相处时，可以测试一下自己。很可能即使你能掀开面具，看透那个人，当他冲你微笑时，你仍会感觉受到了鼓舞，但如果他不理你，你会产生轻蔑（妒忌、泄气）的感觉。

自恋狂所做的事情，甚至有时他们自己也意识不到，就是玩弄你的自恋的弱点。你对羞耻感越敏感，振奋–泄气过程就越能让你的情绪大起大落。如果你在父母一方（或双方都）是自恋狂的家庭里长大，你身上就会有一个待按下的按钮。你有可能成为自恋狂随意玩弄的“键盘”，他可以随心所欲地鼓励你和贬低你。自恋过程通常会产生相同的结果：让你时而信心满怀，时而垂头丧气，并且永远如此控制你。

那些处处都要维护自我、具有潜在自恋特性的人，在应对掌权的自恋狂时，遇到的困难最大。总体上来讲，这类人通常都不善于应付权威，在那些他们处于劣势地位的层级结构里，通常也都表现得不太好。如果当权者也是个自恋狂，他们将面临无法忍受的痛苦。他们最好找一份环境更加友好或是自主程度和掌控感更高的工作。要想不受自恋狂的控制，最重要的就是完善自我。只有最自信的人（或准备好了的人）才能胜任这项令人生畏的任务。

Why is it Always About YOU? 两只小猫咪的故事

从前，有两只年轻、聪明上进的小猫咪，去为一只骄傲而狡猾的狮子做事。狮子豪迈地说："欢迎来到我的公司，你们是少数的幸运儿，我们只聘用最优秀的人，因为这里的工作非常重要，我们要维护自己的荣誉。努力工作吧，你们将会分享我的荣誉，但如果你们让我失望，我将让你们灰溜溜地离开这里！"

这两只年轻的小猫咪，因为自己的幸运而兴奋不已，而且确信自己会让狮子满意，事业也会蒸蒸日上。它们神气十足地活跃在各处，感觉自己比其他的猫略有优势。然而，它们并没告诉任何猫自己的工资少得可怜，工作时间超级长。重要的是，在狮子这家重要的公司里，它们是被器重的员工。毛发黝黑发亮的小猫咪说："在这里，我能看到自己前程似锦。"漂亮的虎斑小猫咪也附和道："这是我梦想的工作。"

它俩都非常努力地工作，尽最大努力让狮子开心。有时狮子会对它们大加赞扬，有时因为距离它的期望有些微的差距，它会忽视它们或对它们发脾气。随着它们对内幕了解得越来越多，它们发现公司的名牌形象大部分是狮子建构的一种幻想，并由员工来努力维护。了解这一点后，两只小猫都看到了机会。

毛发黝黑发亮的小猫咪说："我要让这种权力为自己服务，如果我让狮子看到我是多么有才干，它就会分一些权力给我。"而且它已经开始密谋了。虎斑小猫咪却想："狮子是不愿意把权力分享出来的，我要努力工作，给他增光添彩，然后它就离不开我了。"

不久，它们的目的就都达到了。毛发黝黑发亮的小猫咪很有创新精神，给狮子留下了深刻的印象，为了达到自己的目的，狮子想要利用它这一点。就像它预言的那样，狮子连续给它升职，并使其成为自己的副手。每个员工都非常尊重它，它变得非常大胆且自信。

同时，虎斑小猫咪也在以其不同的方式忙于实现自己的目标。它不知疲倦地工作，有时会一直到深夜，就是为了给狮子脸上增光，把狮子打造得光彩夺目，让全世界都羡慕它。尽管它总是牺牲自己，但它从不要求回报。事实上，每当聚光灯偶然照射到它在公司所在的那个角落时，它总是想办法改变光的方向，使光线重新落在狮子的身上。可爱的虎斑小猫咪让狮子感受到了无尽的喜悦，尽管它总是批评其他员工，但是对它总是宽容的。

然而，毛发黝黑发亮的小猫咪开始让狮子觉得不舒服了。它的创造力曾经给狮子留下了很好的印象，但现在却让它感到了威胁。狮子注意到其他同事对小猫咪的尊敬，并确信必须要在一定程度上削减小猫咪的权力了。但是当狮子试着控制小猫咪时，它突然意识到这只小猫对它已是多么重要。对它的需求把狮子自己震惊到了，而且感觉自己很脆弱、愚蠢、无能。羞耻和无助倾泻而来，最终演变成恼羞成怒。当狮子再也忍受不了时，它把小猫咪解雇了，这让公司突然之间陷入了一片混乱。狮子咆哮道："这都是它的错。"在此后很长一段时间，每当提到小猫咪的名字就能让它嘴角一扬，露出轻蔑之情。

公司处于动荡之中，紧接着狮子的形象面临威胁，这都让虎斑小猫咪不得不加班加点地工作，以减少损失，它又一次迎难而上，丝毫顾不上自怜或抱怨。然而，虎斑小猫咪的努力开始让它感到越来越不堪重负，非常疲惫。当它的默默付出已经在公司里传遍时，恰好有另一家公司为它提供了一个职位，让所有成员都惊讶不已的是，它接受了邀请。狮子无比震惊，它请求道："请不要离开我，我会给你三袋金子。"虎斑小猫咪回答道："您很仁慈，但我是时候该往前迈一步了。"然后它离开了，去做一份平静的工作，拥有正常的时间安排。

当进入自恋狂的领地时，我们能明显感觉到兴奋。我们会告诉自己："这里发生着特别的事情，我想成为这里的一员。"这令人陶醉的感觉说明，我们自己的自恋已经被唤醒了，我们已经受邀融入当权的自恋狂的幻想中了。一旦进入，你就要自己承担风险，就像爱丽丝穿过镜子，你会发现世界的另一端充满了欺骗、扭曲和危险。

具有讽刺意味的是，吸引我们进入这个幻境的原因，是我们自身对膨胀的需求，这也正是我们需要舍弃的第一件东西。如果你无法做到这一点，发生在毛发黝黑发亮的小猫咪身上的事情，就会降临到你的身上。把自我融入幻想，确实可以得到一些权力，但这终将会破灭。到头来，你会发现屋子里只能容下一个自以为是的人，只能有一个人掌控权力。除非命运出现逆转，否则这个人不会是你。

能够生存下来，有时甚至能在自恋狂的权力世界中占到上风的人，是那些能够超越其自我、完美地应对自恋狂的人，就像虎斑小猫咪那样。通常这些人都是"藏在壁橱里"的自恋狂，他们善于鼓舞别人，并将风头让渡出去，满足于笼罩在另一个人的光环下。由于他们能够天衣无缝地掌握自恋狂对崇拜的需求，所以往往能为自己获得微妙的权力，然后再通过诱惑、建议、影响力来行使这些权力。他们不构成威胁、不引发羞耻，既不会引起妒忌，也不会招来蔑视。他们是最能让人放心的。

与自恋狂领导相处时的生存指南

策略一：了解自己

在自恋狂的领导手下工作，考验的是你自己的弱点。如果你来自一个自恋狂家庭，对羞耻感极度敏感，需要通过别人的崇拜来让自己感觉良好，或是主要依靠工作来获得自我价值感，你免不了会遭受挑战。你自己能处理多少？你要对自己有所了解！

要想在自恋狂的游戏中应付自如，你必须控制住自己的自恋开关。要确保你能够控制膨胀欲，抑制住将事物理想化、脱离现实的趋势。计划一下怎样才能抵挡住自恋狂幻想的诱惑，因为它们无一例外都是自私的，总是在操控人，且并不符合你的最佳利益。但最重要的是制定一个策略，当你不可避免地被自恋狂利用和虐待时，用它来控制你的愤怒。当你不知所措时，暂时不要有任何反应，先找一个中立的局外人来一起处理你的感受，从而做出决定。要留在这场博弈中，你需要强大的自我意识和自我控制力。

策略二：拥抱现实

要清楚地认识到你正在应对什么，工作场所毕竟不是家，无论发生什么，老板都不是保护你的父亲或慈爱的母亲。然而，当领导是自恋狂时，你与同事间的竞争会有明显的兄弟姐妹间的感觉。这种情况下，一定尽力让自己避免卷入争端。

要了解自恋狂的弱点，了解其优越感和权力面纱背后脆弱的自我，对能够刺激他产生羞耻和妒忌的事物，都要小心翼翼。学着理解自高自大、傲慢自负、渴求崇拜、权力感、蔑视一切、怒火冲天背后隐藏的含义，然后，像对待一个幼小脆弱的小孩一样对待自恋狂——但要给予其双倍的尊重。

要小心，不要做任何会冒犯或挑战自恋狂形象或幻想的事。要记住一点：他对于真理、现实或你都不感兴趣。如果你不小心打击到了他，就要做好准备去收拾残局。要知道哪些该做，哪些不该做。

如果你不愿引起自恋狂的妒忌，那就永远不要和他去抢风头。很不幸，这可能意味着你要收敛自己的才能和成就。努力做事，让自恋狂收获荣誉，不失为一种明智的选择。如果你想占上风，就要学会不抱怨和保持低调。要培养无缝融入的本领，如果你不想被自恋狂盯上，就要保持圆滑、温和和不显眼。

相反，如果你想学会鼓舞和抚慰自恋狂，那就要学会恭维的本领了，一旦有机会你就要成为自恋狂的开心果。这有可能让自恋狂对你产生依赖，所以必须要谨慎，不要暴露自己的意图。自恋狂如果意识到自己对你产生了依赖性，很快就会感到蒙受了耻辱，这时自恋狂愤怒的锋芒将会刺痛你。所以，你要想成为必不可少的角色，就要同时确保自己不具有威胁性。

学会识别妒忌的标志：批评和过度表扬。如果即使你已经很小心了，但还是无意间引起了妒忌，你可以主动暴露自己的某个缺点或弱点来遮掩自己的光芒，或者你可以把自己的成就归功于“运气好”。要记住，当不能满足自恋狂的需求时，你的成就对他而言就是一种威胁和贬低。它们成了对自恋狂的伤害，你会为此付出代价的。永远都不要忘记，你在以一种你所看不见的方式与自恋狂联系到一起——你是那个人的自我的延伸。你的光芒绝不能盖过他的。

要识别并避免陷入自恋狂为你设定的权力圈套，例如暧昧或鼓舞人心的花言巧语。学会透过幻觉看到现实，同时提防暗藏的动机，不要轻易付出信任。

策略三：设立界限

为自恋狂领导工作，你会面临许多对你个人界限的挑战。你要预想一下怎样抵御这些入侵，才不至于猝不及防地“沦陷”。而且你一旦设立好了界限，就要准备好坚定而冷静地去保卫它。尽量少说话，同时避免情绪化。

你要认清，自恋狂急于摆脱羞耻感的原因，是为了重建内心的平衡。因此，不要去攻击他们的人格，要通过理性思考而不是感性冲动来建立心理防线。搞清楚你为什么会有这种感觉，同时记住，让羞耻感从哪里来就回到哪里去。当你具备了去人格化和自我隔离的能力，你就拥有了内在的保护性边界。

在你学着解读自恋狂的同时，也要学着不要让自恋狂轻易洞察你的内心世界，通过保护隐私来保持内心的超然。那些别人无法理解和难以把握的地方就是你个人的领地，要小心翼翼地保护它，但也不要太神秘，因为总是让别人猜测的人也会给他人带来危险——会令别人感到自卑。在这出大戏里，给自己安排一个既掌控环境又自我保护的角色。

要谨防过度的自我牺牲，以自我为代价去供养自恋狂（与树立自我形象截然相反），是会危及你的自尊的。要么是你不够坚守自己的界限，要么就是你有一种受虐的需求，因而你投入一种很容易演变为施虐–受虐的关系中。要清楚你自己的忍耐限度，并保护好自己。

试着在工作与私生活之间建立一道坚固的界限并加以维护，把工作中的欺骗、扭曲和泄气统统抛在回家的路上。

策略四：培养互惠的关系

为了对抗自恋狂在工作中对你的控制，你需要形成自己的群众基础——越广泛越好。在自恋狂的势力范围内会有其他的受害者，如果可能的话要与他们结盟，并私下里记录自恋狂的辱骂和滥用职权。你不知道这些记录在什么时候就会派上用场，助你走出困境。组织外的人际关系也要维护，也许有一天，你会下决心摆脱困境。

思考一下，继续留在自恋狂的权力舞台上，你需要付出怎样的代价。大多数健康的人，为了维持与强大的自恋狂的亲近，必须扮演一个无私的角色，而维持这个角色形象需要耗费巨大的能量。思考你的付出为你带来了什么，这对你有什么影响，它对你的亲密关系产生了怎样的影响，对你作为一个父母、配偶、恋人或朋友的角色产生了怎样的影响，你觉得值得吗？

需要注意的是，要在你的个人生活里建立一些健康的关系。你需要从你能信任的人那里得到支持，让他帮你在现实中站稳脚跟，帮你应对来自自恋狂的扭曲，甩掉其在工作中倾泻在你身上的羞耻感。

要想在一个被自恋狂统治的环境中幸存，你需要时刻保持警觉状态。你必须清楚自己的“追求”，抑制你自己的理想化和追逐彩虹般的自恋的倾向。永远都不要忘记你正在跟谁相处，以及自己的权力范围，同时建立壁垒，以避免落入自恋狂的陷阱。而且，你必须培养健康的人际关系，因为这可以为你提供情绪隔离，抵消来自自恋狂的伤害。

这些应对策略中的很多种，都是在研究权力关系本质的过程中得出的、经过了时间检验的真理。这些权力关系，都具有操控性和欺骗性，它们要求你像自恋狂一样，建立并维持一个虚假的自我形象。在应付一个对你有控制权的自恋狂时，如果你希望能够在坚持自我的同时而又不被生吞活剥，那你就太天真了。你想去一个没有剥削、没有扭曲、没有羞耻感的环境工作，这种想法本身是很合理的。但是很不幸，那些充斥着不健康自恋的权力组织，永远也不可能成为这样的安全场所。如果你无法忍受厨房里的热度，那么要不要离开厨房，就全看你自己如何做决定了。

Why is it
Always
About
YOU?

第 18 章
自恋和衰老：镜子破裂

衰老是自恋的终极伤害。给自恋者带来价值感的镜子再也不可靠了，不能再映射出那个鼓舞人心的形象了。头发稀疏、皮肤松弛、大脑健忘、各种疼痛都象征着即将到来的无法言说的恐惧，预示着用来维持个人膨胀的资源正在枯竭。一切都不如从前了，一切都在改变，无法控制。角色转换了，影响范围缩小了，人们都在向前走，走向死亡，随之而去的是权力，留下的只有随之而来的孤独。

自恋狂应对这些挑战的方式很典型：否认。如果经济上能负担得起整容、腹部拉皮手术或植发，他们就一定会去做。在自恋狂的世界里，打破生理局限性，以证明自己仍然“正当年”，已经成了普遍性的追求。有时候，为了维持假想的活力，他们也会去追求跑车和年轻的爱人。但是当这种否认最终开始瓦解，当镜子的裂痕再也无法视而不见时，我们会发现，他们更爱发脾气了，有可能这种行为一直都存在，只是现在变得更加明显了。自恋狂对他人的原始性妒忌和防御式贬低，其实都是在不顾一切地，尝试着保持自己的优越感，重建失去的情绪平衡。

Why is it Always About YOU ? 与迪尔德丽共进晚餐

迪尔德丽又一次在餐桌旁“升堂开审”了。这位70岁高龄的女家长会定期召集家庭聚会——为了密切关注她的三个“可爱的”儿子和他们“可怕的”妻子，确保他们每个人都带一条她的建议回家。

迪尔德丽守寡已经30多年了，已故的丈夫给她留下了大量的财产。12年的婚姻对她来说明显足够了，因为她一直都没遇见一个可以代替前夫的追求者。“三个小男子汉”的陪伴支撑了她的生活，至少在他们结婚之前是这样的。她唯一的遗憾是，他们在选择伴侣时没能更有眼光一些。

大儿子皮特的妻子叫曼迪，她可能是最糟糕的一个。他们一直没有孩子，曼迪居然自以为是个职业女性，她本不需要这么去做，皮特挣的钱足够养活他自己，还可以给曼迪买任何她想要的东西——其实他一直都在这么做。曼迪有很多想法，而且总是说个不停。迪尔德丽讨厌曼迪直视她的样子，这么多年过去了，曼迪仍然不清楚自己的位置。可怜的皮特——迪尔德丽无法想象他为什么能忍受这么一个自以为什么都懂的人。

二儿子汤姆的妻子叫琳达，她与曼迪正好相反，但一样让人受不了。她是个胆小如鼠的女人，生了四个孩子，每怀一次孕就长胖一些，但从来不尝试去恢复身材。迪尔德丽绝对不能容忍琳达的事有两件：一是在穿着方面毫无品味，二是对孩子缺少管教。然而，最重要的是，迪尔德丽讨厌汤姆旁若无人地看着他妻子的样子。真的，她帅气的儿子配了这么个像母猪一样的女人，让人非常尴尬。

然后家里有了新成员，小儿子本杰明娶了他的第三任妻子——爱丽丝。他的前两任妻子离开的时候，迪尔德丽一点儿都不觉得难过，但如果她知道第三个妻子会是这个样子，她一定会出面阻止儿子结束上一段婚姻。本杰明的第二任妻子至少在年龄上和本杰明是匹配的。爱丽丝太年轻了，而且她的头发和裙子都太短了，也不懂餐桌礼仪，说起话来就像个白痴，普通得不能再普通。不出意外，本也会很快地厌烦她。

迪尔德丽环顾餐桌一周，叹了口气，很难控制厌恶的感觉。女人们都避免与她眼神接触，儿子们强打着精神，根据他们的经验，当她挺直背、嘴角向下时，一场“讨伐”即将上演。谁会是她抨击的对象呢？她会虚情假意地询问曼迪的工作情况，还是会将琳达的四个孩子和汤姆相比较，以此来羞辱她，还是会提醒爱丽丝要首先使用最外面的叉子？当一家人和迪尔德丽坐在一起吃饭时，第一道菜永远是羞辱。

迪尔德丽对儿媳妇们的蔑视反映了她对她们的恶意妒忌，妒忌她们在儿子们生活中占据的位置，那个位置曾经是专属于她一个人的。同时，我们也注意到，儿子们从来不会遭到她的语言攻击，而几个女人在她的眼里却什么都做不好。这是情绪不成熟的另一个特征——将他人划分为完全不同的两种，即“完美无缺”和“一无是处”。在某些情况下，“完美无缺”的也可能变成“一无是处”的，反之亦然，但是没有人能同时拥有这两种品质。自恋狂不能容忍在同一时间内对一个人既喜欢又讨厌，这也是为什么他们有时吹捧别人，有时贬低别人。随着年龄的增长，自恋狂对其他人的理想化和贬低会变得越来越明显。

我认识一个人，他有一个年老的未婚姨妈非常宠爱他，而她是个暴躁型的自恋狂，出了名地傲慢无礼。姨妈自己从没生过孩子，而他在很小的时候就失去了妈妈，这使得两个人的关系非常特殊。当外甥在身边时，她就会变得非常黏人，眼睛一眨一眨，发出少女般的笑声。当然，他看得出她有多重视自己，又有多蔑视别人，这中间差别很大。但惊讶之余，他也并未放在心上，他知道姨妈的变化无常，但他觉得她不会这么对待自己。

后来有一回，当时他正在帮助姨妈度过一段艰难的时光，对于姨妈的一些不合理期望提出了反对意见。瞬间，他就体会到了姨妈的愤怒之火。姨妈说他虚伪、恶毒，还威胁要叫律师来保护自己，因为他有明显的攻击性。曾经备受宠爱的外甥一下子从高处摔了下来，被姨妈拒之门外了。然后，就像突然到来的攻击一样，突然间姨妈又开始宠爱他，就像什么都没有发生过一样。

在上了年纪的自恋狂身上有时会看到偏执，这其实是对病理性抑郁的防御。当无法维持自我优越感时，老年自恋狂的内心崩塌了，他被恐惧感压垮了，害怕自己在虚弱、依赖他人的状态下遭受毁灭性的报复，他必须保持警惕和小心谨慎。他故意说别人居心叵测、蓄意伤害，其实是在尽全力控制无助和依赖所带来的恐慌感。然而很不幸的是，对于可怜的自恋狂来说，他的咆哮只能把他所依恋的人推得更远，让自己更加丧心病狂、更加空虚。当一切支撑自大和全能感的东西都崩塌时，脆弱的自我和这个世界都失去意义了，绝望变成了精神病性质的抑郁症，这是仅存的能安抚幻想的办法了。与其面对痛苦的现实，还不如疯了的好。

大多数年老的自恋狂内心不会破裂得如此彻底，而是徘徊在几近崩溃的边缘，处于可怕的自我关注的状态之中。日渐衰老的身体中的各种疼痛会被放大，甚至使其产生癔症，导致更大的恐慌。下面举个例子，看看这种现象在一个女儿看来是什么样子的。

莫林：屏幕上的生活

Why is it Always About YOU ?

莫林被父亲的“胡作非为”打败了。自从两年前妻子去世，这个75岁老人的生活似乎就无法自理了。虽然他固执地拒绝了别人给予的投资建议，但他自己完全不知道如何安排收支。在家里他连个手指头都不动一下，却抱怨莫林为他请的保姆太懒而且偷他的东西，给他请一个，他就赶走一个，然后还要求继续请。莫林感觉父亲几乎每天都会因为一些鸡毛蒜皮的小事而给她打电话，希望她放下手中的一切来帮他。如果她尝试在电话里给他些建议或鼓励，父亲就会发脾气。最糟糕的是，父亲会因为害怕自己不能呼吸或心脏病发作而在半夜给她打电话，吵醒睡梦中的她。然而医生检查后发现他身体非常健康，所以建议他服用一些抗焦虑的药，但是他拒绝了。

父亲有四个孩子，但只有莫林一个人帮忙安排了母亲的葬礼、处理了母亲的私人物品、出售了父母的度假屋，但不管她为父亲付出多少，父亲似乎永远都嫌不够。他从没感谢过她或关心过她，一旦她让他有一点点的失望，他就会刻薄地埋怨她。

母亲去世前，父亲对待母亲的方式深深地伤害了莫林的感情，她试着不去想这些，但那些画面总是挥之不去——父亲对于母亲的痛苦漠不关心，母亲越来越离不开人让他大为恼火，他拒绝和其他人一起照顾母亲。父亲对母亲的批评，以及他在葬礼那天不假思索地说想结识新的伴侣，这些都让莫林感到深深地被刺痛。她一直都知道他的疏离和难以相处，但她绝对无法想象他会如此冷漠。

最近，父亲的残忍更加直接指向她。他开始控诉莫林管得太多，一旦在家里找不到东西就责怪莫林。在一次她举办的家庭聚会上，他公开批评莫林的生活方式，还在孩子们面前、背着她在姐妹们面前说莫林的坏话。他还史无前例地奉承了其他几个女儿好久，使他偶尔看起来是那样慈爱。莫林觉得自己在某种程度上成了整个家庭的敌人，非常孤单。然而她知道，当姐妹们回到她们自己家以后，父亲会继续指使她来满足他的每项需求。她没有办法逃脱这个日益糟糕的命运，没有人能够理解她，替她分担。

莫林的父亲展现出了自恋狂的七宗罪中典型的权力感、利用和缺乏同理心，以及他过分的要求和对女儿独立自我的漠视，说明他极度缺乏界限感。尽管他看起来想控制一切，但他也表现出了无助，并将其投射到了莫林的“屏幕”上，很奇怪他是怎么做到的——他越无助，就越能控制莫林并让她也感到无助。如果他能最大限度地把自己最害怕的东西变成莫林的，那么他就再也不用如此强烈地感受那种感觉了，他可以利用莫林来倾泻自己因泄气的自我而引发的羞耻感。母亲曾是父亲内在平衡的调节器，现在莫林继承了这一角色，跟母亲一样，父亲为了使她成为收纳其被否定的自我的垃圾桶，而必须把她控制在自己的蔑视之下。

人们更愿意相信老人是因为失去了老伴才会这样。毫无疑问，要独自生活就必须进行调整，而这会令他感到郁闷、害怕、困惑。他无法平衡自己的收支可能是因为大脑功能受损，或是未经诊断的病痛正在折磨着他。所以，他必须依靠家人来照料他。难道不是所有的老人都有这个权力吗?

事实是，上了年纪的自恋狂与任何一个走到生命尽头的人一样，都需要别人的同情、帮助，以及恭敬的照料。但是，并不能因此否认自恋狂老人的主要照顾者——通常是其子女，那个从幼年起就开始受自恋狂父母折磨的人——所受的折磨。随着老人的自恋狂特征疾速升级，无论成年子女随着他的轨迹形成了何种形式的自我，这时都受到被毁掉的威胁。除了由于日渐衰老而产生的脆弱和依赖，年老的自恋狂还具有一些独有的特性。他们的真正需求和自我防御性需求之间的界限，往往变得很难辨别，也许这是因为他们的自我防御性需求从来都没有如此极端地真实过。

自恋狂老人的成年子女的生存指南

策略一：了解自己

“日渐衰老”是从什么时候开始的，是发现第一根白头发或第一条皱纹的时候，还是不再能吃那些以前怎么吃都不长胖的东西的时候？是眼睛看不清东西，或很容易就感到疲劳和疼痛的时候？是再也无法与年轻人争夺可以保持其幸福感的东西的时候吗？对你的自恋狂父母来说，“日渐衰老”这个过程可能在你还是个孩子的时候就开始了，从你有记忆开始，对他人的否定、贬低、妒忌，以及他们的自我陶醉和偏执，就是你成长经历的一部分。现在你能识别出你的父母对衰老的反应吗？这些又是如何影响你的？

理解这一点很重要，因为随着你和父母年龄的不断增长，这些是你们都要面对的。你的父母有没有因为竞争不过你，就忽视或贬低你的成就？在某些吹捧他们的场景中，他们有没有希望你仅仅扮演“粉丝”？父母对自己日渐衰老的恐慌，有没有让你对自己的健康或外貌产生担忧？

你已经从与自恋狂父母相伴的童年中幸存了下来，要掌控自己的生活，现在有了比以前更多的选择。尽管在你内心深处仍保留着父母身上的某些特征，并且很难将它们与自己区分开来，但是你再也不用像以前那样依存于父母了。仅凭这一点，你就可以继续努力，成为一个拥有独立自我的人。

估算一下你都有哪些资源，可以促使你成长为一个健康独立的人。思考一下你已经使用了哪些应对策略，其中哪些对你有利，哪些对你不利。思考为了使生活正常运转，你都需要调用哪些资源？

如果你想继续维持与自恋狂父母的关系，就需要审视一下这段关系的发展过程，并特别注意你是如何被“拖”到自恋狂的剧本里去，并再次扮演你的角色的。你的按钮是什么，它们是怎么被按下的？再次提醒你的是，洞察力和自控力是你的第一道防线。

如果你正在照顾一位上了年纪的自恋狂，就要特别留心一下你对关爱、依赖、权力的感觉了。旧时的角色已经对调了，这一点不光你的父母会感到很难适应，你一样很难适应。照看者的角色要求你去照顾一个从未关爱过你的人——你可以依靠谁，你自己还是别的什么人？你的父母对你还有哪些权力，这对你在时机成熟时“接手做一个管理者”的能力有什么影响？你如何应对父母因自我防御日渐升级而引发的一系列感受——否认、妒忌和蔑视、操控、敌意、苛求、恐慌、偏执和无理？应付年老的自恋狂父母是一件令人恼火和筋疲力尽的苦差事。你对自己、对你们之间关系的发展——这一关系会涉及家庭里的其他成员，以及你父母的朋友圈和社交圈——了解得越清楚，应付他们就越是得心应手。

策略二：拥抱现实

应对自恋狂父母，首先，你要了解他们为什么会有这种表现，这并不难，难的是接受这些事实。因为接受父母真实的内心世界，意味着你永远都不要再奢望被他当作一个独立的人去看待和珍惜。

自恋狂各有其特征，他们年老以后的行为也各不相同。衰老给我们每个人都带来一些自恋问题。那些可以在一定程度上忍受伤心和焦虑的人、那些与他人相处时真诚正直的人、那些能理智地控制冲动的人、那些不会滥用药物的人、那些越来越依赖他人的人、那些在自己狭小的世界里仍能继续找到自恋补给的人，他们在别人充满同情心的支持下，能够接受年老这一现实。如果你能认识到他们对镜像和理想化的需求，并且能够理性地给予他们适当的反馈和支持，他们就能继续维持膨胀的自我，从而走出困境。

在日常生活中，这意味着你要满足他们情绪上的关于价值感的需求。无论他们的成就有多么微不足道，你都要予以认可，而且不能表现出你的优越感。在和他们相处时，你不能针锋相对，无论如何都要避免让他们蒙羞。这可能意味着，不要谈论你自己或你们共同的熟人的成就或好运气，因为这么做会触发他们的妒忌。只要可以，你就尽量让他们自己管理自己的生活。试着站在他们的角度去理解他们，不要用思考其他人的方式去解读他们的语言和行为，同时避免指责他们，管理好那些由他们带来的受伤、生气或失望的感受。而且，你不要试图去改变他们，即使他们很难相处，你也要带着怜悯的心去接近他们，如果有人比你做得更好，也试着去接受，尽管这会让你对自己失望。如果你还希望在未来的某一天与他们建立起互惠的关系，请放下这个期望。这样，无论是你自己还是你的自恋狂父母，都会因此收获内心的宁静。

对有些自恋狂来说，他们的子女根本无法照顾好他们，因为他们与其子女一生都纠缠在自恋导致的负性情绪之中。有些自恋狂的自大是建立攻击和摧毁那些爱他们的人的基础上的，人格心理学家欧托·康伯格把这种人叫作“恶意的”自恋狂。他们是反社会的虐待狂，对生活还有深深的偏执倾向，他们过分理想化自己的攻击性，以至于扼杀了自己的理智和爱的能力。若非如此，也许他们也能形成依恋关系并接纳依赖。而现在，他们只沉醉于搞破坏，使别人失去理智，随着年龄增长，他们变得越来越偏执，越来越难以接近。如果你的父母是这种类型，那么最好远离他们，更不要幻想他们能在年老后变得柔情一点，希望与他们修复关系，这只会危及你的情绪健康和幸福感。

另一个拥抱现实的方法，是为自己树立一个信念，包括以下内容：

- 我做什么都改变不了我的自恋狂父母；

- 我永远不够完美、永远无法充分取悦他，以赢得他无条件或始终如一的爱；
- 他不爱、不尊重我，与我作为一个人的价值没有任何关系；
- 我越执着于变得完美和渴望拥有一个理想的父 / 母亲，就会受伤越多；
- 我将努力发掘我自己的独特之处，与那些能够懂我，并且接纳我的人相处；
- 虽然我的父母无法给予我爱，但我仍值得被爱。

当你与你的父母相处时，要看清他们的本质，接受他们的局限性，也要欣赏他们的优点。客观评价父母，同时问问自己的内心，然后再决定如何与他们相处。

策略三：设立界限

如果你选择与自恋狂父母相处，就要在处理问题的尺度和能容忍的程度方面设立一些界限。从一开始，就要识别出那些会让你感到生气或失去控制的行为或情况。你的自恋狂父母是直接攻击你，还是经常对其他人，比如你的配偶、兄弟姐妹、孩子进行冷嘲热讽；你是否感到自己被利用、被贬低，或成了不合理期待的目标；父母的焦虑、消极或易怒有没有把你逼疯；你是否总是要不停地就一些无关紧要的事，反复向他们提供保证。

你需要想个办法让自己远离这些情绪“圈套”，它们会引发你的生气和防御，让你感到泄气，认为自己一无是处。试着换个角度解读父母说的话，把这些想成是好意的，而不是恶意的。例如，如果你把批评解读成“帮助”，那么你会觉得你的妈妈是在担心你无法胜任工作，导致你受伤害的成分就消除了。即使你不认为她是在尝试帮助你，如此反应仍能满足她对自我价值感的需求，同时也不会牺牲你的尊严。如果你习惯用来保护你自己或其他人的方式，是攻击或发怒，这种方式会让你的感觉完全不同。不同之处在于，你自己控制了局面，你所中止的不是她的行为，而是你对这件事的体验。

你可以试着要求你的父母在你面前克制一下某种行为，当然这一点可能有效，也可能没用。然而，以这种方式维护你自己，其价值并不在于你是否能切实改变父母，而在于即使你的愿望被忽视了，站起来反抗的经历对你而言也很重要。如果你总是被自恋狂父母恐吓，那么对你来说，检测一下力量对比已经发生了怎样的改变，也是有好处的。你甚至可以设立一些界限，比如冷静地告诉你的父母，假如他们不尊重你，你将会做些什么。然而，你自己要先确定打算做什么，因为一旦界限设立好，你就绝不能让步。最好先在一些小事上试一下水，不要在生气时做一些大的决定，而过后又让自己后悔。如果这听起来很像在管教孩子，那是因为这本身就跟管教孩子一样。就像心理学家伊兰·戈洛姆（Elan Golomb）所建议的那样，为了从情绪上隔离自己并保持平静，你需要掌握“非对抗式坚定”的艺术，受到挑衅时要做到“冷静中立”。想要做到这一点，你需要一些练习。

不要让自恋狂父母通过罪恶感和羞耻感来操纵你，是否要审视自己的良心要由你来决定，并由你来决定选择承担哪些责任。在不牺牲你及你所爱的人的生活和幸福的前提下，你也有很多孝敬父母的方式，不需要为了做一个孝顺的儿子或女儿，而屈从于一些无礼的要求。说“不”完全没问题，让其他可以更好地满足父母要求却不会引起太多冲突的人来照顾父母，也完全没问题。你对自恋狂父母是要负责任，但是你对自己、对那些要依靠你的人同样负有责任，你有权优先考虑自己，而不受那些自认为对你享有至高无上权力的人的摆布。

最后，你要事先决定好，你可以忍受父母的哪些行为，哪些又绝不容忍。你要明白，你有权做一切需要做的事情去保护你自己。然后，不管你决定要做什么，尽管放心地去做。

策略四：培养互惠的关系

如果你正照顾一位自恋狂老人，有一点是不言而喻的，那就是你需要别人的支持，来帮助你平衡自己的价值感。当然，不要忽略了这些关系中的互惠，即忽视支持体系对你的需要，或者只知道沿着自恋的道路义无反顾地前行。花时间去表达你的谢意，在照顾自恋狂的过程中要给自己留出休息时间，然后真诚地投入到那些爱你的人的生活中去。

为了从自恋狂父母给你造成的创伤中恢复，为了确保年老的自恋狂父母在其晚年时得到充分的照顾，有必要重新分配一下家庭角色。家庭体系里的每一个人，都有一个别人（通常是父母）安排给他的角色。如果你被指定为照顾者、替罪羊、“有缺陷的人”，甚至是“成功者”，你必须让其他家庭成员知道，你不仅仅是那样的人。要尊重他人，承认他们的感受和需求，同时也要坚持让别人用同样的方式对你。一定要坚定、坚持，这些事情不会一夜之间改变，往往还会遇到很多阻力。但你要清楚，不管你的家庭成员能否站起来应对挑战，你都可以改变你自己以及你跟他们相处的模式。一定要坚持互惠，但是假如你在家庭中找不到互惠关系，你可以去其他地方寻找，你可以组建自己的“第二个家”，这个家庭由你选择的朋友组成，选择那些可以为彼此健康的独立存在提供支持的朋友。久而久之，这些关系会成为你的支持力量，并在关键时刻为你提供帮助。无论对于你的自恋狂父母而言，晚年是（或曾经是）多么痛苦，你都可以通过付出爱和接纳爱，避免自己落入同样的命运。

你如果想要与自恋狂父母和平相处，那么就要做到在付出时心甘情愿、不求回报，接受从不拥有、以后也绝不再会拥有一些东西的现实，这样你就轻松了，至于你想要的互惠关系，就去其他地方寻求吧。

Why is it Always About YOU?

第五部分

只有你能阻止自恋

THE SEVEN DEADLY SINS OF NARCISSISM

Why is it
Always
About
YOU?

第 19 章
自恋的社会

自恋当发展到时时刻刻都存在时，就是一种严重的心理疾病，它会影响一个人的自我意识、态度、情绪、行为、人际关系，以及工作效率和幸福感。它不仅折磨着自恋狂本身，还折磨着与他们一起生活和工作的人，尤其是那些爱他们和依靠他们的人。这种心理障碍没有什么药物可以将其治愈，而且随着年龄的增长会越来越严重。而严重时，心理治疗的作用也是有限的。因为若想从心理治疗中受益，自恋狂首先必须承认自己是存在某些不足的，而这正是他做不到的事情。

虽然彻头彻尾的自恋型人格障碍相当少见，但自恋型人格障碍的特点和症状已经相当普遍了，以至于我们许多人会经常遭遇某种形式的不健康自恋。实际上，不健康自恋似乎已经渗透到我们的文化中，加剧了个体的异常表现，同时又让大众习以为常。然后，那些看上去正常的东西，通过具有影响力的学校和家庭，被传播给了我们的孩子。自恋从一代人传给下一代人时，最有力的传输渠道是父母的养育。作为父母，你会发现要想在一个充斥着自恋狂形象和价值观的世界中养出健康的孩子，自己必须要打一场硬仗。所以许多父母干脆放弃尝试了。

尽管社会学家早在 25 年前就开始批评文化自恋，但“自我主义的十年”并没有在 20 世纪 80 年代结束，而“唯我一代”也已繁衍出了一群自私自利、充满权力感的怪兽。你如果看一下周围，就会发现七宗罪并不仅仅是个别人的异常状态，更是一种社会现象，它让文化自恋充满生机地进入了新千年。

界限的缺乏和否认

凭直觉我们意识到，我们需要遵守一些规则和界限才能有效地工作，但是我们通常又会忽略界限或将界限视作需要克服的障碍。科学的发展已经让我们可以摆脱重力、穿越时空、延缓衰老、治愈重症，甚至是创造生命。这一切让我们情不自禁地相信不应该有边界，但是没有边界，我们又会陷入混沌和不真实。当前，创新的秘诀是“跳出定势思维”，藐视规则的潮人仍然是我们理想中的英雄。对比之下，从现实出发脚踏实地，就显得古板又老套。我们更喜欢幻想无限的可能，因为它能满足我们的自大和全能感，制造出我们可以并且应该拥有一切的幻觉。正因如此，在当今社会中，个体的和集体的权力感都很盛行。

很多人已经开始感到焦虑，因为这种信息已在我们的孩子的头脑中打上烙印。自尊主义运动就是一个典型的例子，它是 20 世纪 80 年代末和 90 年代的一次杰出却误入歧途的尝试。它是由一个叫约翰·瓦斯康塞洛斯（John Vasconcellos，又被称为“自尊界的苹果核约翰尼”）的州议员在美国加利福尼亚州发起的。1987 年，他带头为在校学生制定了新的课程表，在基础教育传统的“3R”（读、写、算）[①]基础上又添加了新“3R”（责任、自尊和关系）[②]。这一理念就是要通过给孩子们接种“自尊的社会疫苗”来预防犯罪、暴力、虐待儿童、长期接受救济、青少年怀孕及药物成瘾等行为的根源，被一概狂热地认为，都是因为不够爱自己。这是一个宏大的愿景，也仅仅是一个愿景。

---

① read , write a composition, arithmetic.

② responsibility, self-respect, and relationship.

愤怒的权力

自尊主义运动认为，自尊心包含一些令人称赞的理念，比如责任感、制定现实的期望、尊重他人等，然而在执行的过程中，这些复古理想主义的核心思想却被遗失了。在那个世纪，风靡的自我主义已深入发展了 20 多年，责任感和关心他人感受等品质已经荡然无存。自我中心的一代已经长大了，他们认为，对于小孩子来说，自尊与做得好无关，只要感觉好就够了。在他们看来，培养诸如诚实、乐于助人、自我控制等好习惯的品格教育是非常可笑的。

在追逐自尊的时代，“Pumsy”是孩子想象中的一种龙，它力劝人们要将焦点放在自己身上与生俱来的优点。这样做的假设是：当年轻人认识到他们先天的优点时，他们自然会以对自己有利的方式行事，同时使他人也受益。换句话说，不良行为是不良感觉的产物，可以被好的想法和积极的自我肯定所克服，每个人都可以是成功者。老师负责提供大量的赞美以及个性化的肯定，并对孩子给予“做得很棒”的反馈，即使他们表现很普通或很差时也是如此。学校再也不被允许基于孩子的能力进行分组，不可以为有天赋的孩子提供额外的机会，或是不再鼓励竞争，因为这可能会导致一些学生感觉“不如别人”。

不管是有意还是无意，我们正在教会我们的孩子有权得到公平的结果，就像公平的机会一样，无论他们做了什么或表现好不好，他们都可以期待得到别人的重视和奖赏。潜台词中更加有害的信息是，感觉“不好”是不正常的。如果你因得不到想要的东西而感到受挫，那么一定是哪里出了错——你是受害者，一定是别的什么人或什么事需要为此负责，你有权寻求补偿。如今的孩子比上一代人更容易生气和更具攻击性，其部分原因就来源于这种思想。

尽管这种态度至今仍深植于我们的文化以及我们传递给孩子的信息里，自尊主义运动在今天已经受到了广泛的怀疑。一方面，后来加上去的三个“R”开始排挤原来的三个“R”，当孩子们不得不面对他们并未掌握基础知识的现实时，世间的一切肯定都不足以让他们真正对自己有信心了。由于并没有受过包括努力工作和持之以恒的品格教育，他们的路走得坎坷而崎岖。另一方面，当他们从“特立独行”的梦境里醒来，发现身边是一连串爆破的气球，毫无疑问会导致他们的反社会行为大爆发，尤其当这些自命不凡的小孩子变成难伺候的青少年时。

傲慢自负、妒忌和藐视权威

在孩子成长过程中，我们教导他们要相信自己内心的声音，而在这个过程中，我们也在同时逐渐摧毁成年人的权威。我们相信孩子们在一定程度上比他们的长辈单纯（未掺杂成人世界的杂质），因此我们不用教他们学习适应社会，但这同时也放弃了我们必要时对他们的控制权。有的孩子处于无人管教的状态，他们的父母只专注于自己的事情而不对孩子进行价值观的引导和教育，那么这样的孩子会拒绝道德权威来评价他们或他们的行为，我们并不觉得意外——当他们经常接触行为恶劣的成人时，则尤为如此。

据美国教育统计中心数据显示，20 世纪 90 年代，因为学生的严重纪律问题而求助的中学校长人数大量增加。值得注意的是，相比市中心的学校，在郊区的富人学校里，这种增长更加明显。20 世纪 90 年代，贫民学校老师受到言语攻击的比例下降了 10%，而在富人和中等收入人群的学校里，这一比例则在增长。费黛奥塔·卡朋（Phi Delta Kappa）的一项民意调查显示，在 1984 到 1997 年之间，反映有些学生会频繁扰乱课堂秩序的小学教师人数增长了 17%，说明这已经不仅仅是荷尔蒙旺盛的青少年才会有的问题了。

自恋的个体向外界权威屈服存在巨大困难，如果不是因为道德发展到达了顶峰（对权威的内化），那就是在践行幼儿期的自我膨胀。当那个更高的权威只不过是“我”在扮演上帝时，人们就很容易愚弄自己并落入道德腐败。这种人要求别人的尊重、认可、崇拜，却不能给予别人相同的回报。

道德相对主义和无耻

自恋时代的另一个标志是，我们已经很难分辨对与错这一事实，这导致我们很难用成年人的方式行事，似乎我们的集体良知并没有完全形成。我们被卷入自大和全能的幻想中，这样一来，我们就不必忍受由于犯错而产生的羞耻感了。

作为社会人，我们在个人责任感上存在很多问题。我们倾向于像小孩子那样思考，当事情出错时把责任推卸给别人。思考一下，那些轰动一时的、针对美国枪支制造商或香烟公司的诉讼频率有多高，它们是我们用来投射自己全能感需求的“强大的坏爸爸”。我们妒忌它们的实力，觉得如果我们买了一杆枪，或者抽了一支烟，也变得更强大了。因为我们的自大感告诉我们，我们有权享有一个没有风险的世界，虽然我们自己知道枪和烟会害死人，但那个“强大的坏爸爸”也应该会保证我们的安全。当幻想照进现实时，我们受到的伤害不仅是无形的精神上的，还有有形的身体上的。我们无法忍受由丧失全能感和自大感带来的羞耻感，所以在报复性的愤怒中猛烈抨击别人。

美国的法律系统助长了这种“乱发脾气”的文化，在这个系统里，要要花招就可以将事实歪曲到无法辨识的程度。如果一个律师可以令有罪的一方看起来很可怜，即使其犯有最恶劣的罪行，臭名远扬的陪审团也情愿将其忽略掉。把行凶者作为受害者的辩护尤其有效，某人看起来像是受害者（被羞辱），他其实是被人利用了，如果从这个角度出发，我们会替任何行为做辩护。

或许正是这种羞耻感演变成了终极的社会邪恶——或者说看起来是这样的，在一个价值观如此混乱的世界里，暴力、腐败和欺诈已经在道德层面上被净化成了“个人选择”。尽管我们知道有些选择是不可被接受的，我们仍然会越过做出选择的人，而去责备其他人或物。几乎每个人都可以声称自己在某方面是受害者，这种现象让人在真正悲剧发生时很难辨别受害者，也让我们很难对那些实际上无辜的人保持同情。

现实的扭曲："幻想是一切"

从政治领袖到体育健儿，从商业显贵到娱乐明星，那些不食人间烟火的人，通过打造出人们期待的幻想，来凝结他们的权力。而那些有权势的人——以及那些追求权势的人——依赖"政治顾问"、经纪人、公关人员、新闻发言人、媒体顾问来控制公众对他们的看法。我们用疲惫不堪的眼睛盯着他们，知道自己被操控了，但仍然很享受他们的表演。最终，现实被严重歪曲，我们再也不知道该相信谁、该相信什么。我们发现自己处在一个自恋狂的奇幻小屋里，完全不知道镜子后面是什么。我们开始不相信自己的知觉，不仅不相信周围的人，连自己都不再相信。

但是我们似乎又无法让自己摆脱这种幻境。当幻想能满足我们的时候，我们不愿去面对惨淡的现实。幻境里的丰盛宴席摆满了诱人的松饼，让我们想要饱餐一顿。当华而不实的幻想飘散，我们什么实际的东西也没得到，留给我们的只有精神上的营养不良以及更加膨胀的欲望。所以我们一次又一次地返回去吃"自助餐"。尽管什么营养都没有，我们还是将这些幻想当作文化理想而内化了，它们提供了剧本，我们通过这些剧本来判断自己的价值，以及生活中接触到的一切事物的价值。我们通过它们来了解什么是美的，什么是好的，什么是值得追求的以及什么又是有意义的。

幻想是一种极具诱惑性的力量。去问一下那 1840 名在 1998 年做了丰胸手术的 19 岁以下的姑娘（比 1996 年增长了 57%，比 1992 年增长了 89%）。这些青少年中的大多数人把大学生活费全部花在了化妆品上，为的是“对自我感觉更加良好”，她们中的许多人是在妈妈的怂恿下去做的手术，而她们的妈妈同样也已经通过手术改变了自己，为的是更贴近理想中的形象。你可能会质疑她们的价值观或青春期躁动，但不争的事实是，即使在这个后女权主义时代，硕大挺立的乳房仍然能给女性增添一些权力。

当现实很残酷时，我们发现操纵幻想正是我们获得满足的途径。对我们所有人来说，悲哀的是，在一个充斥着虚假的世界里，这些的确有用。

当竞争成为利用时

当各种各样的幻想以各种能想到的方式刺激并引诱我们，并铺天盖地地向我们涌来之时，我们想得到自己渴望的东西，也是很自然的事。这些幻想越是流行，就越能创造出需求，由于资源是有限的，竞争就产生了。

竞争在本质上并不邪恶，实际上，恰恰相反，我们与生俱来的好斗本能，驱使我们在必要的时候为了我们想要和需要的东西而战。竞争性的进攻是健康的拼搏战，在这类竞争中，会有两个或两个以上的人为了同一个不可分享的目标而去努力，无论是成是败。当竞争有结果时，争斗也结束了。在理想的环境中，赢家和输家都能从竞争中获益，都能在参与和付出最大努力的过程中获得满足感。

近几十年以来，竞争性的进攻之所以名声这么差，也许是因为当竞争结束时，争斗往往还没有结束。竞技场外，失败者的价值危在旦夕——贪婪的胜利者不满足于只是取胜，他们要继续羞辱失败者。这不是健康的进攻，而是利用和毁灭，是由自恋的愤怒引发的行为。当这种竞争成为主流时，竞争就变成一个肮脏的词汇了。

文化自恋的各种印记已经深深嵌入我们当今的社会结构里，在这个社会里，我们爱和战斗着，我们工作和玩耍着，我们养育和教导着我们的孩子。当前，在一段时间内，我们给不健康自恋提供了发展的空间。如果我们要挽救自己、挽救后代，就要抵制它们的入侵，无论在何时何地遭遇到这七宗罪，我们都要奋起而战，以维护自我意识和自制力、现实感和良好的界限，以及互惠关系这些原则性的东西。这是个艰巨的任务，让我们从家里开始做起。

Why is it
Always
About
YOU?

第 20 章
做合格的父母

最近，在美国一项针对青少年的调查中，青少年被问到他们认为当今的美国出了什么问题。有 15 个备选答案，而选中率最高的四个答案是：自私 / 人们不考虑其他人的权力（56%）；人们不尊重法律和权威（52%）；政治家做坏事（48%）；儿童及青少年缺乏父母的管教（47%）。看起来，年轻人已经充分意识到席卷全世界的自恋主义了。

在正处于世纪转换之际的美国社会里，多数自恋都源自文化影响和错误的教养方式，这两方面是息息相关的。婴儿潮时期出生的人认为传统的价值观是压抑人的，是愚昧无知的，当他们摆脱了传统价值观的枷锁时，他们和大多数同龄人一样，为了满足其以自我为中心的需求，正试图彻底改造养育方式。当他们成为父母时，很少考虑什么对孩子好，而更多考虑的是什么才能满足自己作为父母的需求，而且他们会替自己的行为辩护。在追求他们的个人幸福时，太多父母沉溺于自大与全能感、妒忌和完美主义，而忽视了孩子的个人需求，以至看不到孩子时而出现的特定行为背后的意义。

环顾一下四周。你身边是否有如下这类父母：

- 对孩子抱有不切实际的期望；
- 对孩子生活管得太细，而不考虑他们的感受和愿望；
- 靠孩子生活；
- 利用孩子来满足他们自己的需求；
- 把自己的恐惧和焦虑传染给孩子；
- 像朋友或密友一样对待孩子；
- 与配偶发生冲突时把孩子扯进来。

下面这类父母呢？

- 过度控制；
- 具有侵犯性；
- 在孩子面前有性暗示或下流言行；
- 过度忙于自己的生活，无暇参与孩子的生活。

在当今自恋文化的发展过程中，有两种自恋型妄想起着主导作用：一种是我可以拥有一切——而且应当拥有；另一种是不允许任何人干涉我对幸福和自我实现的追求。这两个理念已明显融入现代养育的实践当中了，所以自恋主义的七宗罪一定会在将来的某个时间来到我们身边。

会养出自恋狂孩子的七种养育态度

1. 我的孩子与众不同，值得拥有一切、经历一切、占有一切优势。如果我给不了孩子这一切，社会应该给。

“与众不同”这个词在当今世界已经失去了其意义。它原本的意思是，有某种独特的才能或在某方面很优秀。如今，很多人把感觉特别也看作自尊的标配，希望别人能让自己感觉特别，认为这是理所应当的。我们经常听到有人说“我不觉得自己与众不同”，就好像他们被人欺骗了似的。这是自恋式权力感，是我们的思维方式中无意识且很普遍的一部分。

当然，所有的父母都觉得自己的孩子是与众不同的，或者说父母希望他们的孩子是特别的。孩子们确实都是独一无二的，他们个体化的特征有权得到别人的善待和尊重。但是没理由因为我们觉得自己的孩子是“与众不同的”，就要求别人也这么认为并给予优待。这种态度的根源是自恋——认识不到别人是独立的个体，且没有义务与我们保持一致的想法和感觉。

在美国，孩子们有权免遭虐待和忽视的伤害，有权享受免费的公共教育。我们还希望孩子们拥有许许多多其他东西，但是要得到这些东西全靠父母，或靠别人的慷慨，因为这些不是孩子们的特权。养育一个孩子确实需要“举全村之力”，从这个意义上来讲，国家和社会已经为这个孩子的福利和健康发展进行了投资，但是养育孩子首先是其父母或那些依法收养或照顾他们的人的责任。大多数父母愿意不惜一切代价为孩子提供一切。不幸的是，并不是所有的父母都有这种责任感。

对于那个期望自己被当作特殊之人来对待的孩子——或者成人——而言，当别人无法认同他虚幻的自我形象时，他就注定了一生都要在失望和各种人际障碍中度过。

2. 我的孩子绝不应该吃苦（如果我的孩子不快乐，我就是个糟糕的父母）。失败永远都是负面的经历，要不惜一切代价避免失败。

让我们面对这一现实：痛苦是人类社会的一部分，我们希望尽最大可能保护孩子不受苦，但有时事情的发生并不在我们的掌控之内。有些苦难会让人感到悲伤，例如疾病、灾难，甚至是死亡。但是大多数时候，受委屈都是正常的，比如在竞争中失败，或是无法得到最新版的时尚玩具。当今的父母为了让孩子免遭大大小小的痛苦，把自己折腾得团团转。你只要看看节假日期间对某种特定玩具的狂热需求量，或小孩子之间追逐时尚的行为，就知道怎么回事了。但是这些陷入怪圈中的父母，忽视了最重要的一点：孩子跟大人一样，可以在别人的帮助下学会面对生活中的失望，甚至是危机，经历过这些，他们就会变得更加强大。在父母的积极支持下，障碍甚至是失败，都可以塑造孩子的性格。

对孩子心软是一个好的品质，但有时父母之所以很难接受孩子受苦，是因为他们觉得这个痛苦是发生在自己身上的。其实我们感到的痛苦并非孩子感到的痛苦，而是由我们对孩子的过度认同所引发的。这导致两个消极影响：其一，通过制造“一切都和我有关”的感觉，我们剥夺了本该属于孩子的经历，剥夺了孩子在经历困难时得到同理心支持的机会；其二，在“竭力驱赶”我们无法忍受的痛苦时，有时我们做得太过火了。如果我们不能忍受孩子受苦，我们其实是在给孩子创造一个不真实的世界，在这个世界里充满了纵容和对焦虑的过度控制。这导致孩子不仅开始相信自己有权享受这个不真实的世界，也错过了战胜困难的机会。

这些孩子成了充满权力感的“怪兽”，我们看到的那些坏脾气不仅仅是问题行为，还证明了他们确实缺乏技巧来应对生活中的日常困难。孩子们需要有机会去学习克服挫败、失落、失望、孤独、厌烦、妒忌、内疚和愤怒等情绪——并且需要有同情心、有能力的成人来帮助他们。他们需要各种经历，来感知自己在这个世界上的真实自我：成功者或失败者、好人或坏人、自立的还是依靠他人的、付出者还是接受者、独断专行还是富有同情心的。

3. 对我好的事情，对我的孩子也好。如果我为孩子做的牺牲妨碍到我的自我实现，那么还不如不要牺牲，因为对孩子来说，我的不幸福是更加糟糕的事情。

这种态度的根源是，父母看不到孩子的独立性。更加难以承认的是，父母的需求与孩子的需求往往是不同的、相互矛盾的甚至是相互排斥的。20 世纪 70 年代、80 年代和 90 年代的父母有时会做出对自己好却会伤害孩子的行为。比如离婚导致孩子和父母中的一方或双方疏离，父母冲突和对监护权的争夺，以及继父母闯入后又离开孩子的生活，严重破坏着孩子的安全型依恋。有的父母沉迷于成瘾药物，或有其他成瘾或强迫行为，导致他们无法在情绪上照顾孩子，或者导致更糟糕的情况。还有的父母为了追求个人的事业或生活方式，而不去陪伴孩子，或者频繁更换孩子的照顾者。有时这些选择是无奈之举，但有时只是单纯的自我放纵，毫不考虑对孩子的实际影响。“对我好的，对我的孩子也好”成了一种思维方式，忽视了孩子个性化的需求和兴趣，让孩子得不到充分的关注。这种看法无异于对孩子的委屈视而不见。

模糊的界限和强迫孩子应对超出其能力的压力，会使得孩子的自恋期延长。这种孩子往往会“自己抚养自己长大”，同时遗留下一大堆未解决的问题：全能感、极度矛盾的依赖需求、愤怒或难以相信他人。

毫无疑问，相比父母幸福感低的孩子，父母幸福感高的孩子过得更加幸福，因为对孩子来说，最幸福的事情莫过于父母在为人父母的过程中找到了快乐。

4. 孩子需要表现的自由。他们的精神世界是“纯洁的”，如果没有成人的干预，他们将自然而然地长大成人。通过权威来制止他

们的问题行为是没有用的。这样做，只能是通过给予孩子不必要的羞耻感，来使孩子和自己疏远。

没人愿意当坏人，尤其是在对待自己孩子的问题上。但如果相信“自然成长的孩子”是纯洁无邪的，这是对现实的自恋式的扭曲，它放任父母不去教育自己的孩子，从而无法使其成长为一个对社会有用的人。缺少父母引导的孩子不一定能成长成一个“好”人，他们更容易出现行为问题——也许是未能得到解决的幼儿期自恋。

Why is it Always About YOU? 他有自己的想法

“需要有一个人来教教这个孩子怎样与人相处”，这是教师休息室里传来的声音，因为有人说八岁的强尼又在操场上捣乱了。大家都很同情强尼的老师露丝，她必须不停地向不同的父母解释为什么他们的孩子回到家里时衣服是破的，身体有擦伤，偶尔鼻子会出血。露丝的班里以前也有过问题孩子，但是从没有过像强尼这么难教的孩子——一旦班级有自由活动时间，他就会制造各种各样的麻烦。

露丝试着找强尼谈过话，但并没有用。他总有借口说自己没错，都是别人的错。他似乎希望别的孩子按照他的方式做事，如果他们拒绝，他就会变得很傲慢，去挑衅别人。对于付出和接受的互惠技巧，他一点儿都不具备。

然后，露丝与强尼的父母谈了一次话。坦白说，从未收到过他们的来电也让露丝有一些惊讶——因为打架时强尼自己也很难毫发无伤，他回家时也会带着一些擦伤和碰伤。更为惊讶的是，当她最终与强尼的父母面对面坐下来，讲完强尼的表现后，他们看起来似乎毫不担心。

强尼的妈妈克丽丝说："我们一直都在教强尼自己解决冲突。"露丝想，更大的问题开始暴露了。强尼的爸爸格雷格插话道："强尼一直都有他自己的想法。"露丝可以清楚地感觉到他语气中的自豪，于是她小心地回答道："是的，强尼确实很自信，他可以清晰地表达他想要什么。"克丽丝和格雷格朝着彼此会心地笑了笑。露丝接着说："但是，强尼看起来好像很难明白别人的需求，而且，我担心，他不懂得尊重别人的感受。如果不能如愿以偿，他就会变得非常具有攻击性。"她鼓起勇气，等待着成人版"强尼"的回应。克丽丝耸耸肩，说："都是孩子，哪有孩子不打架的。别管他们，他们自己能解决的。我们在家也是这么处理的，这种处理方法对我们来说很有效！"

孩子需要父母的教育引导才能顺利度过童年时期的自恋。他们需要有人帮助才能克服幼稚的全能感和膨胀的自大感，也需要有人帮助才能管理好自恋泡沫破裂时带来的羞耻感。他们需要强大的、担任教养角色的、能充当理想榜样的父母。他们需要被他们视为正确的、真实的和重要的父母，在他们犯错误时及时给予反馈。他们需要有自控力和言行一致的父母。

孩子是通过内化理想化父母的价值观，来发展出自己的道德感的。如果我们希望我们的孩子能够分辨对错，就不仅要教育他们，还要成为他们钦佩的榜样。

5. 对孩子来说，同理心就是把他当朋友对待，分享你所有的感受并建立亲密关系。真诚就是指把你所有的想法或感受都告诉孩子，把过去和现在发生在你身上的事情都告诉孩子。

Why is it Always About YOU? 小大人

蒂娜的妈妈喜欢跟别人说她的女儿“生来强大”。对妈妈来说，蒂娜是可以依靠的，她可以帮妈妈做家务，可以在妈妈想躲在卧室里并拉上窗帘的时候帮忙照看弟弟妹妹。蒂娜似乎比同龄人更聪明，当妈妈情绪低落时（她经常情绪低落），十岁的蒂娜是那么会安慰人。她甚至明白妈妈为什么对爸爸不满意。

蒂娜为妈妈感到难过，但她很崇拜爸爸，而且她在爸爸的生活中也很重要。她跟爸爸属于同一个团队——他们一同照顾生意，一同照顾蒂娜的妈妈。他们一起去购物，一起做饭，星期天是他们一块打牌的日子——只有他们两个人。跟妈妈一样，爸爸也把蒂娜作为倾诉的对象。她知道爸爸的悲伤，知道什么会激怒他，而且背地里，她是站在爸爸这边的。

甚至在幼儿园里，大家都知道蒂娜是“说着大人话的小女孩”。从那时起，她就是尖子生，常常是老师的宠儿。所以当蒂娜开始在班里表现出叛逆、在家里顶嘴时，所有的人都震惊了。她的父母认为，一定是她的青春期提早到来了。

给予孩子同理心，建立在了解孩子在每个发展阶段的真正需求和真正能力的基础上，建立在能够本能地感觉到孩子独特的节奏和特质，也建立在能够现实地评估孩子在某个特定的时期能够处理什么样的问题的基础上。它还建立在给予孩子充分的关怀，维持良好的亲子界限的基础上。

良好的亲子界限意味着，不要把孩子当作一个朋友、知己或可以倾诉的对象。尽管给孩子安排这些角色，确实可以让他们感觉自己很“特别”，但这是一种错误的特别。这是在告诉孩子他和你是平等的，这样父母和孩子的角色会变得含混不清。当喜欢以这种方式和孩子相处的父母发现自己的孩子不太或完全不尊重权威（父母或其他成年人的权威）时，他们往往会感到非常吃惊。这是因为父母拿出来同孩子分享的东西，是他们自己的自大和全能感，这导致孩子们无法形成真正的自我。尽管热心关爱孩子的父母很难看出这么做有多不合适，但是孩子们在这种友好中体验到的常常是被干涉，以及不恰当的满足。再一次强调，这实际上更多的是父母的需要，而不是为孩子好，毫无疑问是有害的。

6. 性是正常的，不能说因为成人以“压抑”的方式对待自己的性欲，孩子就应该对自己那些与性有关的行为感到羞耻。

Why is it Always About YOU?

一起玩耍的一家人……

周末，一家电影城的日场正在播放一部宣传火热的 PG-13 级（不适合 13 岁以下儿童的）电影，吸引了 60 来人来观看，其中大概有 1/4 是不到 10 岁的儿童，他们是跟着父母来的。有一个四口之家坐在后面，正在享用爆米花和软饮料，享受着一家人在一起的黄金时间。电影的片头，床上有一男一女，正在进行着有关性话题的谈话，此时那个女人突然从男人怀里挣脱出来，并开始有非常奇怪的表现，然后她突然变成了一个邪恶的女机器人——半自动子弹从她的乳头喷射出来，并且她的脸掉了下来，露出了电子线路。此时后排的那个小女孩尖叫道："妈妈，太可怕了！"她妈妈回答道："不，不可怕。"然后小女孩安静了下来。妈妈把爆米花给小女孩递了过去。

后来发现，那部电影是一个成人喜剧，穿插着下流的性行为，直白地说着黄段子。剧院里的孩子开始坐不住了，开始说话，但是没有一个人——一个家庭——离开。

从20世纪70年代开始，父母就相信应该给孩子做一个好榜样。但再也没有比让孩子在未成熟时就接触性刺激更能误导孩子的了。

社会中泛滥的性信息，有时会使孩子过度地接受性刺激。这是我们自恋时代的特征，对成年人性需求的满足破坏了孩子们生长的大环境。忧心忡忡的父母们必须保护孩子们，使其避免在这些信息包围中感到不知所措、困惑不已，甚至变得麻木。尽管你不能完全保护孩子不受过量性刺激的危害（其实你根本做不到），但你的努力能够为孩子创造一种界限，孩子可以将其内化为一个自我保护的壁垒。对于成长过程中还未准备好去应对的事情，孩子们需要父母能够提供一切的保护。

当然，父母应当示范成人的爱和情感，以孩子容易理解的方式，明确回答有关性的问题。同时，父母也应该坦然对待孩子本能的性反应。但有时候，父母裸露的身体、公开的性行为甚或性暗示，以及关于性侵的新闻，确实会给孩子造成性刺激。对于热恋中的成人来说很自然的事情，对于孩子可能会是负担，这是一个事实而不是一个问题，为了保护孩子的性健康和情绪健康，我们得尊重这个事实，而非仅仅出于消除（孩子）“压抑感”的目的而去克服它。

孩子在家里的所见所闻包含了大量的性刺激，在某种程度上可称为一种情感猥亵，它可能跟身体猥亵的危害性一样大。当他们成年后，这些事情往往就成了深埋心中过不去的坎。这对于孩子来说不仅是单纯的界限不清，更是一个创伤性事件，在某种程度上，它在以牺牲孩子为代价来满足父母的需要。由于人际界限不清晰，这些孩子往往会性早熟，或者有可能会在公共场合手淫。

7. 建立自尊的方式是告诉孩子他们有多“特别”，并反复强化这一点。孩子们不必通过成功来获得自信，而且他们不应该承受竞争带来的负面影响。

自信从哪里来？是告诉自己“我可以”就能获得自信，还是通过冒险去尝试，然后发现“我真的可以”，来获得自信？

自尊也一样。孩子们在努力过程中会发现自己的能力，并获得控制某件事的体验，这种体验构成了他们自我认知的一部分。在这个过程中，即使他们会犯错或失败，那也是一种学习体验，并很可能把他们变得更加强大，让他们更加现实地认识自己。没有人能把一切都做好，但是发现你自己擅长什么是形成积极认知的一部分。父母可以给孩子创造一个好的环境，给他们提供机会，然后通过不断肯定孩子的努力，让孩子学会处理失望情绪的技巧。

把我们对一个孩子真实自我的准确观察，如实地反馈给孩子是很重要的。当我们告诉孩子他们很特别时，孩子并不会轻易相信，因为他们知道自己并没有做任何配得上这种称赞的事情。然而，出于幼稚的自大和全能感，孩子确实会把我们的期望当真，并认为他们真的与众不同。空洞的肯定只能强化孩子的自恋，以至于他们无法发展出真实的自我。

从出生到长大成人，除了爱，所有的孩子还需要以下这些东西：一致的教育、明确的规则、清晰的界限、恰当的同理心，以及成熟需要的其他因素。他们需要知道谁是家人，哪个或哪些地方可以被当作家；他们应该在何时何地吃饭睡觉；家里的行为准则是什么，由谁来分配角色和任务；什么属于自己，什么属于别人。他们需要有人教会他们自己的界限是什么，又有谁可以在什么情况下打破这些界限。他们也需要明白，其他人也有需要尊重的个人界限。他们需要知道依靠谁来满足他们的各种需要：当受伤、生病或受到惊吓时，谁可以安慰他们；当处于危险中时，谁可以保护他们；谁可以给他们提供生活的必需品；谁来教育他们学会自力更生。所有这些“需要知道的事情”，共同构成了他们生活中的准则。

作为父母，有责任设定这些规则，并随时去维持和调整它们。如果我们自己在这些方面都有困难，那当我们为孩子做这些时，肯定会遇到更大的困难。如果你的生活一团混乱，那你就需要先理清为什么会这样，然后再着手去修正。为了让生活变得有条理，你需要为周围的人和事设立界限。在做这些事情时，你要有父母的样子，也让孩子有其该有的样子。这就是两代人之间良好界限的含义。

如果你是一个父亲或母亲，你可以帮助孩子避免自恋——一次仅专注于一个孩子。

Why is it Always About You?：The Seven Deadly Sins of Narcissism by Sandy Hotchkiss.

ISBN：978-0-7432-1428-5